风力发电工程技术专业系列教材

FENGLI FADIAN JIZU
GUZHANG CHULI

风力发电机组故障处理

新疆金风科技股份有限公司 组织编写

中级

图书在版编目(CIP)数据

风力发电机组故障处理：中级/新疆金风科技股份有限公司组织编写．—北京：知识产权出版社，2023.8

ISBN 978-7-5130-8811-4

Ⅰ．①风… Ⅱ．①新… Ⅲ．①风力发电机-发电机组-故障修复 Ⅳ．①TM315

中国国家版本馆CIP数据核字（2023）第116131号

内容简介

本书主要内容包括当前风力发电行业主流机型八大系统的典型故障案例、机组主要部件的工作原理介绍、机组故障分析和处理、元器件的更换方法等。本书对机组故障案例进行了精选，确保案例具有典型性与代表性。

本书可作为风力发电工程技术、新能源装备技术（风电方向）及其他相关专业的教材，也可作为风力发电机组运维人员的培训用书。

责任编辑：张雪梅　　　　　　　责任印制：刘译文
封面设计：晨罡文化

风力发电机组故障处理（中级）

新疆金风科技股份有限公司　组织编写

出版发行	知识产权出版社有限责任公司	网　　址	http://www.ipph.cn
电　　话	010-82004826		http://www.laichushu.com
社　　址	北京市海淀区气象路50号院	邮　　编	100081
责编电话	010-82000860转8171	责编邮箱	laichushu@cnipr.com
发行电话	010-82000860转8101	发行传真	010-82000893
印　　刷	三河市国英印务有限公司	经　　销	新华书店、各大网上书店及相关专业书店
开　　本	720mm×1000mm　1/16	印　　张	14.75
版　　次	2023年8月第1版	印　　次	2023年8月第1次印刷
字　　数	300千字	定　　价	79.00元

ISBN 978-7-5130-8811-4

出版权专有　侵权必究
如有印装质量问题，本社负责调换。

编委会

主　　编：武　钢　杨　华

副 主 编：张　伟　阎　闯　穆兴隆　赵新龙
　　　　　孙　健　李晓忠　贺定屹　陈　斌

委　　员：彭正升　姚　浩　张　俊　任旭东
　　　　　龙升伟　周志烽　许智鸿　李勇杰
　　　　　周行波　鲁雄涛　石　伟　金　爽

前　言

风电作为一种清洁能源，对于人类社会的可持续发展意义重大。进入21世纪以来，在党中央、国务院的科学规划与大力支持下，风电行业迅猛发展。国务院印发的《2030年前碳达峰行动方案》提出，到2030年，非化石能源占一次能源消费比重将达到25%左右，风电、太阳能发电总装机容量将达到12亿千瓦以上，二氧化碳排放力争于2030年前达到峰值，努力争取于2060年前实现碳中和。自上述目标提出以来，实现"碳达峰、碳中和"日益成为全社会的共识。实现"双碳"目标不仅是我国高质量发展的内在要求，也是我国对国际社会的庄严承诺。

大力发展新能源技术，形成化石能源、核能、可再生能源多轮驱动的多元供应体系，对于维护我国的能源安全、保护生态环境、确保国民经济的健康发展有着深远的意义。人才是社会发展之源，培养大批新能源开发领域的基础研究与工程技术人才是我国发展新能源产业的关键。从2010年起，教育部加强了对战略性新兴产业相关专业的布局和建设，新能源科学与工程专业位列其中。在教育部大力倡导新工科的背景下，目前全国已有100余所高等院校陆续设立了新能源科学与工程专业，涉及多个专业领域，各院校的课程设计也各有特色和侧重的方向。目前新能源科学与工程专业可参考的教材不多，不利于专业教学与人才培养，新能源科学与工程专业教材体系建设亟待加强。应职业教育风力发电机组运维人才培养的需要，在产教深度融合、协同驱动的背景下，本书得以组织编写并出版。

本书专为风力发电机组中级运维岗位工作人员编写，旨在帮助读者掌握风力发电机组的基本工作原理、个人安全防护、机组运行与故障数据的分析、机组典型故障的分析与处理等岗位核心知识和技能。全书以当前风力发电行业主流机型的八大系统运维项目为框架，精选27个典型故障案例，集读、训、练于一体，以满足中级风电运维人才的基本技能训练需要。

本书由新疆金风科技股份有限公司组织编写，具体编写工作由北京金风慧能科技有限公司西南区域公司工程技术人员完成。其中，北京金风慧能科技有限公司西南区域公司李晓忠负责本书的编写指导，姚浩、彭正升、任旭东、李勇杰编写项目1至项目3，周行波编写项目4，许智鸿编写项目5，周志烽编写项目6，张俊与龙升伟编写项目7与项目8。

由于编者水平有限，书稿中难免有疏漏和不足之处，欢迎广大读者和专家提出宝贵意见和建议。

本书编委会

目 录

项目 1　主控系统故障处理

项目 2　叶轮系统故障处理

项目 3　偏航系统故障处理

项目 4　液压系统故障处理

项目 5　发电机系统故障处理

项目 6　传动系统故障处理

项目 7　变流系统故障处理

项目 8　塔架故障处理

项目 1　主控系统故障处理

目　　录

任务 1.1　安全链动作故障处理 ·· 1

任务 1.2　转速比较 1 故障处理 ·· 9

任务 1.3　风速仪工作异常故障处理 ·· 18

任务 1.4　机舱子站总线异常故障处理 ·· 24

附录　机组主控系统故障文件拷贝方法 ·· 31

任务 1.1　安全链动作故障处理

1.1.1　故障信息

某项目 46 号机组报出安全链动作故障后停机，拷贝并查看机组故障文件，可知机组报出 98#Error_safety system_safety chain triggered 故障停机，如图 1.1.1 所示。

time							
time_hour		1	time_minutes		18	time_second	40
time_year		2022	time_month		4	time_day	24
Active error list							
ErrActiveCode1	98#Error_safety system_safety chain triggered				ErrActiveTime1		2022-04-24-01:18:41.115
ErrActiveCode2	null				ErrActiveTime2		null
ErrActiveCode3	null				ErrActiveTime3		null
ErrActiveCode4	null				ErrActiveTime4		null
ErrActiveCode5	null				ErrActiveTime5		null

图 1.1.1　故障文件

1.1.2　故障原因分析

在进行故障分析之前需要准备相应的参考资料，包括金风 2.0MW 机组电气原理图、《金风 2.0MW 机组主控系统故障解释手册》、故障文件（B 文件和 F 文件）。

1. 故障解释

以金风 2.0MW 机组为例，安全链动作故障代码、故障名称和故障触发条件见表 1.1.1。

表 1.1.1　故障代码、名称和触发条件

故障代码	故障名称	故障触发条件
98	安全链动作	安全继电器持续 500ms 输出低电平信号

2. 安全链原理

安全链是整个机组的最后一道安全保护，它处于机组的软件保护之后。风力发电机组安全链是独立于机组 PLC 控制系统的硬件保护措施，采用反逻辑设计，将可能对风力发电机组造成严重损害的故障节点串入两路安全链。一旦其中一个节点动作，将引起整个安全链回路断电，机组进入紧急停机过程，变桨系统执行顺桨停机，并使主控系统和变流系统处于闭锁状态。

如果故障节点得不到恢复，整个机组的正常运行操作就不能实现。两路安全链的区别在于对偏航使能信号的影响。为了防止机组在极端小概率情况下发生叶轮飞车事故，采用双安全链回路，采取自动侧风方案，通过侧风偏航动作规避风险。

（1）安全链回路 1

安全链回路 1 由过速信号 1 继电器、过速信号 2 继电器、变桨安全链、振动开关、变

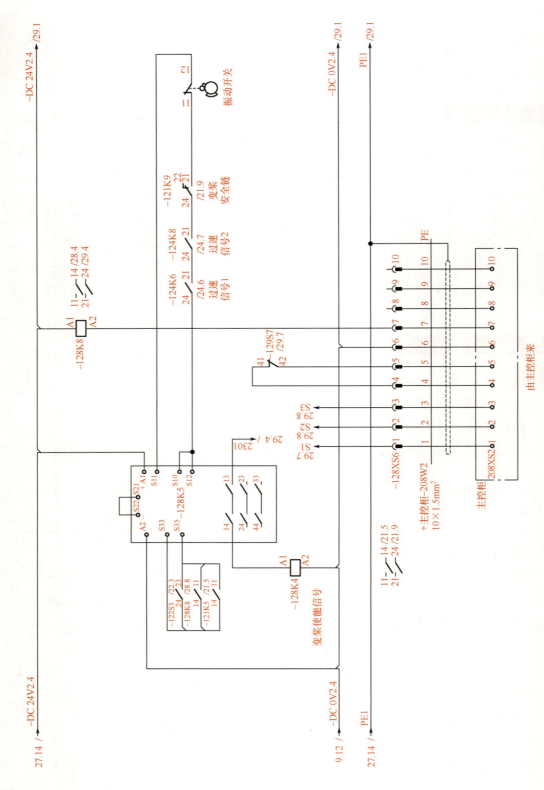

图 1.1.2 安全链回路 1

流安全链节点组成（图 1.1.2）。安全链回路 1 中任一节点断开都将断开变桨使能继电器，但不会影响偏航使能信号，即振动开关继电器、过速继电器、变桨安全链继电器、变流安全链继电器节点故障后机组仍可执行偏航操作。

（2）安全链回路 2

安全链回路 2 由主控急停按钮、机舱急停按钮、扭缆开关、PLC 急停信号继电器组成（图 1.1.3），其中任一节点断开都将断开偏航使能继电器，即主控急停按钮、机舱急停按钮、扭缆开关继电器、PLC 急停信号继电器触发后偏航使能继电器断开，禁止偏航动作。

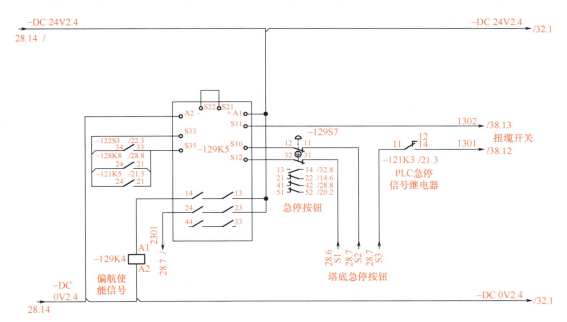

图 1.1.3　安全链回路 2

3. 故障触发原因分析

根据安全链回路组成，过速信号 1 继电器、过速信号 2 继电器、变桨安全链、振动开关、变流安全链、主控急停按钮、机舱急停按钮、扭缆开关、PLC 急停信号继电器各节点中任一节点断开均会造成安全链继电器触发，同时控制系统报出对应节点故障，如过速、振动、扭缆、急停。以发电机过速检测回路（图 1.1.4）为例，当过速（overspeed）模块检测到叶轮转速大于设定的保护转速，内部继电器 1 或继电器 2 触发，安全链节点断开，与之关联的继电器触点闭合，倍福模块输入端口得到过速信号 1 继电器、过速信号 2 继电器反馈的信号，通过 DP 通信系统传输给主控 PLC，同步报出故障。

本次机组主控 PLC 只报出安全链动作故障，对应节点故障未正常报出，可能是安全继电器本体失效、安全节点继电器触点失效或线缆虚接导致安全链回路节点断开。

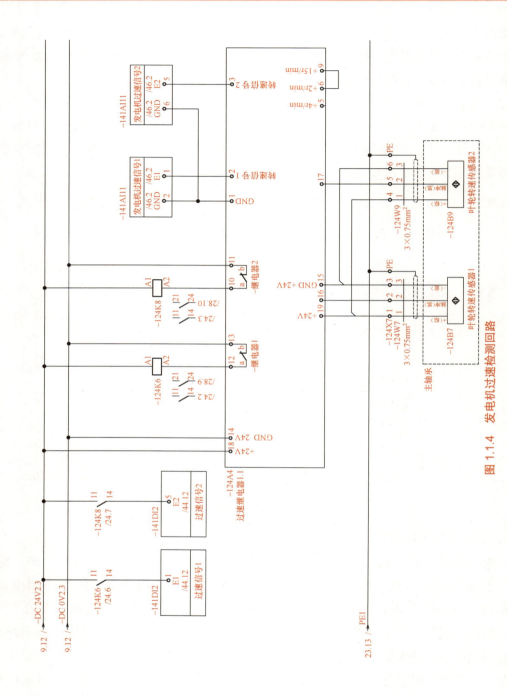

图 1.1.4 发电机过速检测回路

项目 1　主控系统故障处理

4. 故障文件 F 文件分析

查看机组故障文件可知，故障时刻 F 文件记录的安全链动作为 98#Error_safety system_safety chain triggered，具体安全链节点未报出，3 套变桨系统变桨故障字 error_code1 为 16，额定转速为 14.00r/min（图 1.1.5）。

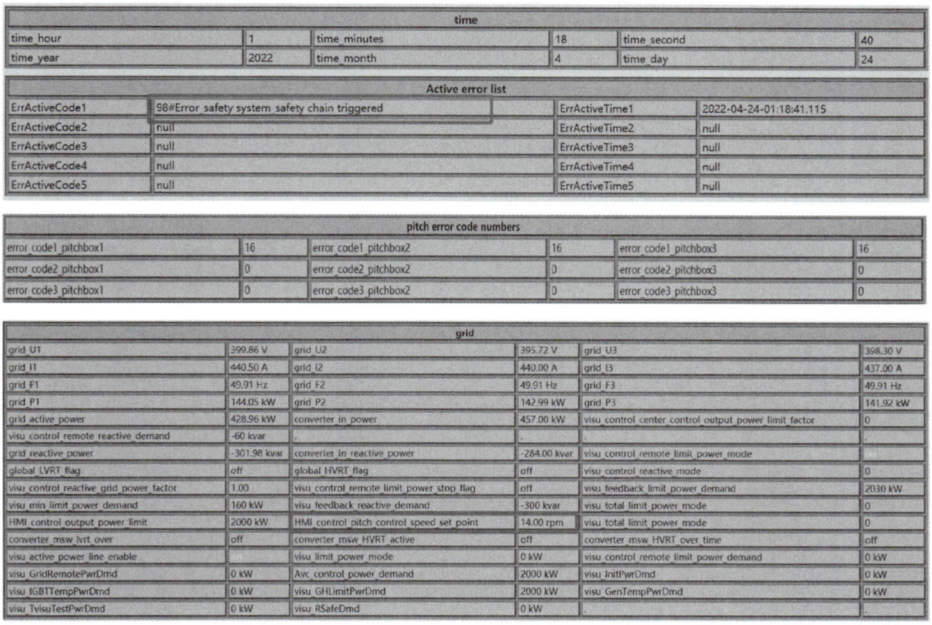

图 1.1.5　F 文件记录的机组故障

5. 故障文件 B 文件分析

查看机组故障文件 B 文件可知，叶轮转速 1、2 为 13.0～14.0r/min（图 1.1.6）（见下页），小于额定转速 14.00r/min，过速继电器未触发。

6. 故障分析结论

根据以上故障表现和原理分析，对可能的故障点逐一进行分析，见表 1.1.2。

表 1.1.2　可能的故障点分析

序号	故障表现	故障点推测	依据
1	安全链动作	安全链继电器本体失效	主控柜、机舱柜电气原理图
2		主控急停按钮、机舱急停继电器内部触点失效或线缆虚接	
3		过速信号 1 继电器、过速信号 2 继电器内部触点失效或线缆虚接	
4		振动开关继电器内部触点失效或线缆虚接	
5		扭缆开关继电器内部触点失效或线缆虚接	
6		变桨安全链继电器内部触点失效或线缆虚接	
7		主控柜到机舱柜安全链回路信号线缆失效，或航空哈丁头内接线（包含屏蔽线缆）虚接	
8		滑环或滑环延长线内安全链回路线缆失效或虚接	

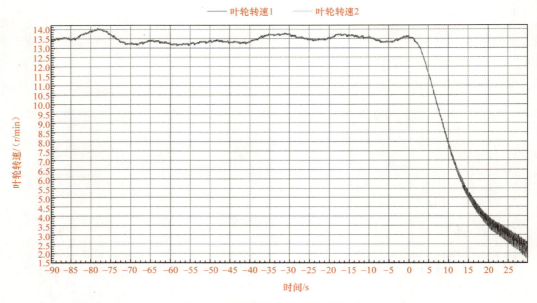

图 1.1.6 B 文件记录的叶轮转速

1.1.3 故障排查方案制订及工器具准备

1. 故障排查方案制订

根据故障原因分析，制订故障排查方案如下：

1）检查主控急停继电器触点（安全链回路）是否导通，线缆有无虚接。

2）检查机舱急停继电器触点（安全链回路）是否导通，线缆有无虚接。

3）检查过速信号1继电器、过速信号2继电器触点（安全链回路）是否导通，线缆有无虚接。

4）检查振动开关继电器触点（安全链回路）是否导通，线缆有无虚接。

5）检查扭缆开关继电器触点（安全链回路）是否导通，线缆有无虚接。

6）检查主控柜到机舱柜航空哈丁头线缆（10芯线）是否导通，屏蔽层是否导通，接线有无虚接。

7）检查滑环及滑环延长线安全链回路线缆是否导通。

8）检查安全链继电器的指示灯是否正常。

9）检查变桨安全链继电器线路有无虚接、指示灯是否正常。

2. 工器具准备

根据故障排查方案准备故障排查所需的工器具，见表 1.1.3。

项目 1　主控系统故障处理

表 1.1.3　工器具清单

序号	工器具名称	数量	序号	工器具名称	数量
1	万用表	1 个	6	斜口钳	1 把
2	棘轮扳手、套筒组合套件	1 套	7	剥线钳	1 把
3	活动扳手	1 把	8	绝缘手套	1 副
4	端子起	1 套	9	工具包	1 个
5	尖嘴钳	1 把	10	绝缘胶带	1 卷

3. 备件准备

准备故障排查所需的备件，见表 1.1.4。

表 1.1.4　备件清单

序号	备件名称	数量	序号	备件名称	数量
1	安全继电器本体	2 个	4	overspeed 模块	1 个
2	继电器	1 个	5	扭缆开关	1 个
3	振动开关	1 个	—	—	—

4. 危险源分析

结合现场工作环境，对危险源进行分析，并制订相应的预防控制措施，见表 1.1.5。

表 1.1.5　危险源分析及预防控制措施

序号	危险源	预防控制措施
1	高处坠落	进入现场，正确穿戴安全防护用品。开始攀爬扶梯前，检查安全双钩绳、助爬器控制盒及钢丝绳，并对止跌扣进行试坠。每到一层平台应盖好盖板，上到偏航平台先挂好双钩再摘止跌扣
2	触电	电气作业必须断电、验电，确认无电后作业
3	机械伤害	进入叶轮前必须锁定机械锁。松叶轮前需清点工具，禁止遗留工器具在轮毂内，避免叶轮旋转后造成设备伤害
4	物体打击	正确佩戴安全帽，禁止抛接工具、抛洒杂物。地面作业人员必须远离提升机作业范围，严禁人员从提升机下通过或逗留。工具应放在工具包内，携带工具的人员应先下后上。攀爬塔筒时，及时关闭平台盖板。严禁多人在同一节塔筒内攀爬
5	精神不佳	严禁工作人员在精神不佳的状态下作业

1.1.4　排查故障点

1. 排查过程

根据制订的排查方案进行故障排查：

1）停机，切换机组状态到维护状态，断开主控柜内 24V DC 供电开关，调整万用表通断挡，检查主控急停继电器触点（安全链回路）导通，线缆无虚接。检查正常，恢复主控柜 24V DC 供电。

2）正确穿戴安全防护用品，攀爬扶梯进入机舱，断开机舱柜 24V DC 供电开关后，检查机舱急停继电器触点（安全链回路）导通，线缆无虚接。

3）检查过速信号 1 继电器、过速信号 2 继电器触点（安全链回路）导通，线缆无虚接。

4）检查振动开关继电器触点（安全链回路）导通，线缆无虚接。

5）检查扭缆开关继电器触点（安全链回路）导通，线缆无虚接。

6）检查主控柜与机舱柜 10 芯线缆航空插头，内部接线无虚接。

7）塔底、机舱工作人员配合检测主控柜到机舱柜安全链信号电缆的通断，其中 2 号线出现不持续导通情况。经多次验证、对比，发现 2 号线存在闪断情况。

2. 排查结论

综合上述排查过程，推断是主控柜到机舱柜安全链信号电缆 2 号电缆存在问题，不能持续导通。机组运行过程中，主控柜与机舱柜安全链信号出现闪断，导致故障报出。

风力发电机组安全链是整个机组的最后一道安全保护，报出相关故障后，需仔细检查各个安全节点，严禁短接屏蔽。

1.1.5 更换故障元器件

1）继电器模块安装在柜内模块安装导轨上，拆卸过程中根据电气元件结构松开卡扣进行拆卸，禁止暴力拆卸。

2）主控柜与机舱柜安全链信号连接电缆为整根电缆，偏航平台下方与通信电缆一起绑扎，预留偏航扭缆余量。更换过程中需注意在电缆槽内分段绑扎，避免电缆因自身重力和机组运行造成磨损失效。

1.1.6 故障处理结果

完成主控柜与机舱柜安全链信号电缆更换后，机组运行正常，一周内未再次报出安全链动作故障。

参考资料：

[1]《金风 2.0MW 机组主控系统故障解释手册》.

[2] 金风 2.0MW 机舱柜Ⅰ型电气原理图.

任务 1.2　转速比较 1 故障处理

1.2.1　故障信息

某项目 16 号机组报出转速比较 1 故障后停机，拷贝并查看机组故障文件，可知机组报出 56#Error_generator speed comparing 1# 故障停机，如图 1.2.1 所示。

time					
time_hour	19	time_minutes	30	time_second	56
time_year	2022	time_month	6	time_day	15
Active error list					
ErrActiveCode1	56#Error_generator speed comparing 1#		ErrActiveTime1	2022-06-15-19:30:56.900	
ErrActiveCode2	null		ErrActiveTime2	null	
ErrActiveCode3	null		ErrActiveTime3	null	
ErrActiveCode4	null		ErrActiveTime4	null	
ErrActiveCode5	null		ErrActiveTime5	null	

图 1.2.1　故障文件

1.2.2　故障原因分析

在进行故障分析之前需要准备相应的参考资料，包括 2.0MW 机组电气原理图、《金风 2.0MW 机组主控系统故障解释手册》、故障文件（B 文件和 F 文件）。

1. 故障解释

以金风 2.0MW 机组为例，转速比较 1 故障代码、故障名称和故障触发条件见表 1.2.1。

表 1.2.1　故障代码、名称和触发条件

故障代码	故障名称	故障触发条件
56	转速比较 1	非停机过程模式且发电机转速最大值（overspeed 模块转速及变流转速的最大值）大于 1.5r/min 时，变流转速与 overspeed 模块测量得到的两个转速差值的最大值持续 3.5s 大于等于 1.5r/min

2. 转速测量原理

金风直驱机组转速测量通道有 3 个，分别为叶轮转速测量通道、发电机转速测量通道和变流计算转速测量通道。

（1）叶轮转速测量通道

叶轮转速测量通道由安装在轮毂内的接近开关、安装在机舱柜内的 overspeed 模块和

倍福模块组成,如图 1.2.2 所示。

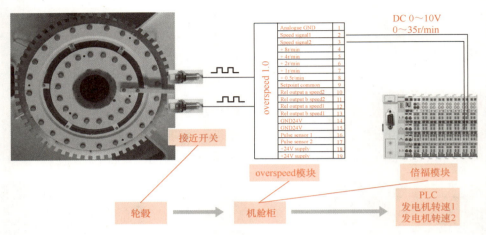

图 1.2.2 叶轮转速测量通道

电感式接近开关是一种不与运动部件进行机械接触而可以直接操作的位置开关。当物体接近开关的感应面到动作距离时,不需要机械接触或施加压力即可使开关动作。电感式接近开关由 LC 振荡电路、信号触发器、开关放大器和输出电路组成,如图 1.2.3 所示。LC 振荡电路在传感器检测面外产生一个交变电磁场,当金属物体接近传感器检测面时,金属中产生的涡流吸收振荡磁场的能量,使振荡减弱以至停振。振荡电路振荡及停振这两种状态被信号触发器转换为电信号,通过整形放大转换成二进制的开关信号,经功率放大后输出脉冲信号到 overspeed 模块。

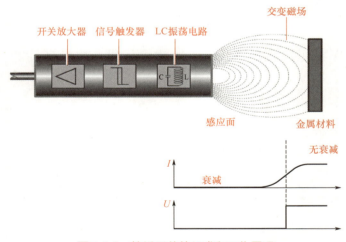

图 1.2.3 接近开关的组成和工作原理

overspeed 模块通过 2 个安装在主轴上的接近开关(脉冲传感器)计算发电机的转速,将叶轮转速信号输入控制系统。当检测到输入的脉冲速度达到设置值时,串联在安全链中的继电器断开,检测发电机过速。overspeed 模块接线端子如图 1.2.4 所示。

项目 1　主控系统故障处理

端子号	端子名称	端子描述	电压等级
1	地线		24V
2	转速信号1	0~10V=0~0.35r/min	—
3	转速信号2	0~10V=0~0.35r/min	—
4	+8r/min		
5	+4r/min		
6	+2r/min		
7	+1r/min		
8	+0.5r/min		
9	通用设置点	15r/min=15Hz	
10	继电器输出a速度2	断开过速信号2继电器	
11	继电器输出b速度2		
12	继电器输出a速度1	断开过速信号1继电器	
13	继电器输出b速度1		
14	GND 24V		
15	GND 24V		
16	脉冲信号1	60脉冲/r	
17	脉冲信号2	60脉冲/r	
18	+24V电源		
19	+24V电源		

图 1.2.4　overspeed 模块接线端子

（2）发电机转速测量通道

发电机转速测量通道由安装在 1 号发电机开关柜内的三相保险管、电压转换（GW-pot）模块和安装在机舱控制内的测速（GW-speed）模块组成，如图 1.2.5 所示。

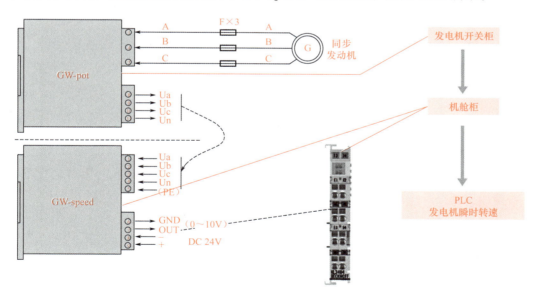

图 1.2.5　发电机转速测量通道

GW-pot 模块测量发电机一套三相绕组的电压，处理后输出到 GW-speed 模块，由 GW-speed 模块处理为与转速成正比的 0~10V 电压信号，然后输出到倍福模块，传输给主控系统，如图 1.2.6 所示。

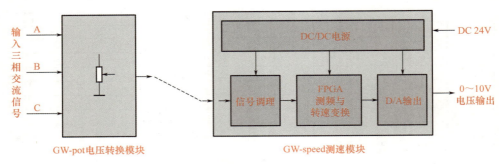

图 1.2.6　发电机转速测量原理

（3）变流计算转速

发电机发出的交流电经变流器机侧功率模块整流，得到发电机定子电流及电磁扭矩，经变流控制器内核心算法计算，得到变流计算转速，如图 1.2.7 所示。变流控制系统将此计算转速反馈给主控系统，与主控系统控制转速进行比对校验，保障机组正常运行。

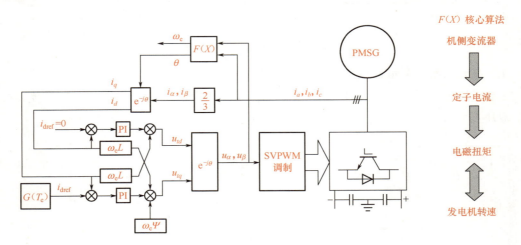

图 1.2.7　变流计算转速

风力发电机组运行过程中，各控制系统与主控 PLC 进行实时数据交换，主控 PLC 接收变桨、变流、冷却系统反馈的实时数据，按照设定的程序逻辑对实时数据进行逻辑计算，并输出控制指令，控制各系统同步动作，实现风力发电机组的运行保护。

3. 故障触发原因分析

根据转速测量通道组成和转速比较 1 故障触发条件，转速比较 1 故障的可能原因有：叶轮转速接近开关失效，接近开关与齿形盘间距异常，接近开关线缆失效，机舱柜内端子排接线松动，overspeed 模块失效，倍福模块失效，变流故障导致输出给主控 PLC 的计算转速异常。

4. 故障文件 F 文件分析

查看机组故障文件 F 文件，如图 1.2.8 所示。故障时刻 F 文件记录的叶轮转速 1 为 0.70r/min，与发电机转速、叶轮转速 2、变流计算转速存在明显偏差，初步判断故障原因为叶轮转速 1 测量通道数据异常。

generator speed					
generator speed momentary	5.24 rpm	overspeed_modul_gen_speed_signal_1	0.70 rpm	overspeed_modul_gen_speed_signal_2	5.55 rpm
converter_in_speed	5.67 rpm	GenOverSpdMonitor	5.65 rpm	rAttackAngleavg	0.00
rAttackAngleavg	0.00	rAttackAngleavg	0.00	rCnvSpdav	1.23
rGenSpdMaxFreqenc	0.39	rGenSpdMaxMa	0.12		

图 1.2.8　F 文件发电机转速测量数据

5. 故障文件 B 文件分析

查看机组故障文件 B 文件的发电机转速曲线，发现在机组启动过程中，随着叶片开桨，机组转速上升，但叶轮转速 1 信号 overspeed_modul_gen_speed_signal_1 数据波动跳变，如图 1.2.9 所示。

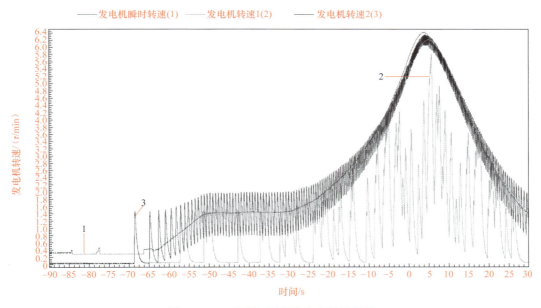

图 1.2.9　B 文件记录的发电机转速曲线

6. 故障分析结论

综合以上原理解析和故障表现，对可能的故障点逐一进行分析，见表 1.2.2。

表 1.2.2　可能的故障点分析

序号	故障表现	故障点推测	依据
1	叶轮转速 1 转速测量通道信号异常	接近开关安装位置不合适，与齿形盘间距较大，不能良好触发	机舱柜电气原理图
2		接近开关失效，输出脉冲信号不准确	
3		接近开关线缆失效，脉冲信号不能连续输出	
4		接近开关脉冲信号到机舱柜内 overspeed 模块插排处接触不良，影响脉冲信号传递	

续表

序号	故障表现	故障点推测	依据
5	叶轮转速1转速测量通道信号异常	overspeed模块失效,接近开关输入脉冲信号正常,经overspeed模块处理后,输出到倍福模块端口的脉冲信号异常	机舱柜电气原理图
6		倍福模块失效,overspeed模块输出到倍福模块端口的脉冲信号正常,经倍福模块处理,传递到主控PLC的信号出现异常	

1.2.3 故障排查方案制订及工器具准备

1. 故障排查方案制订

根据故障原因分析,制订故障排查方案如下:

1)检查机舱柜内叶轮转速接近开关1脉冲信号电缆与端子排安装情况,如是否有虚接。
2)检查overspeed模块叶轮转速1输入信号线缆是否有虚接。
3)检查overspeed模块叶轮转速1输出信号线缆是否有虚接。
4)检查对应的倍福模块输入端口线缆是否有虚接。
5)检查叶轮转速1接近开关安装情况,端面与齿形盘间距应为2.0~2.5mm。
6)手动触发叶轮转速1接近开关,观察是否正常输出脉冲信号。
7)在叶轮转速1接近开关手动触发状态下,测量机舱柜内插排处、overspeed模块转速输入端口电压值,如图1.2.10(见下页)所示。

2. 工器具准备

根据故障排查方案准备故障排查所需的工器具,见表1.2.3。

表1.2.3 工器具清单

序号	工器具名称	数量	序号	工器具名称	数量
1	万用表	1个	6	斜口钳	1把
2	24号开口扳手	2把	7	剥线钳	1把
3	活动扳手	1把	8	绝缘手套	1副
4	端子起	1套	9	工具包	1个
5	尖嘴钳	1把	10	绝缘胶带	1卷

3. 备件准备

准备故障排查所需的备件,见表1.2.4。

表1.2.4 备件清单

序号	备件名称	数量	序号	备件名称	数量
1	接近开关	1个	3	KL3404	1个
2	overspeed模块	2个	—	—	—

项目1 主控系统故障处理

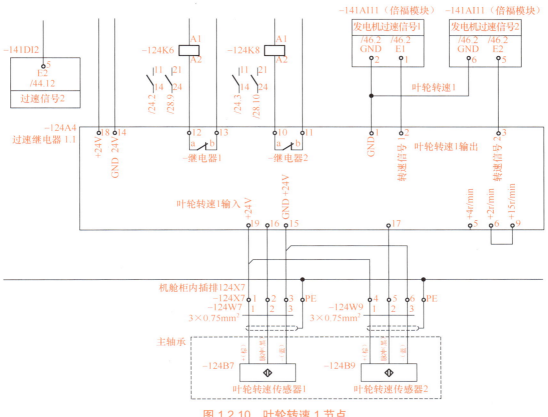

图 1.2.10 叶轮转速1节点

4. 危险源分析

结合现场工作环境，对危险源进行分析，并制订相应的预防控制措施，见表1.2.5。

表 1.2.5 危险源分析及预防控制措施

序号	危险源	预防控制措施
1	高处坠落	进入现场，正确穿戴安全防护用品。开始攀爬扶梯前，检查安全双钩绳、助爬器控制盒及钢丝绳，并对止跌扣进行试坠。每到一层平台应盖好盖板，上到偏航平台先挂好双钩再摘止跌扣
2	触电	电气作业必须断电、验电，确认无电后作业
3	机械伤害	进入叶轮前必须锁定机械锁。松叶轮前需清点工具，禁止遗留工器具在轮毂内，避免叶轮旋转后造成设备伤害
4	物体打击	正确佩戴安全帽，禁止抛接工具、抛洒杂物。地面作业人员必须远离提升机作业范围，严禁人员从提升机下通过或逗留。工具应放在工具包内，携带工具的人员应先下后上。攀爬塔筒时，及时关闭平台盖板。严禁多人在同一节塔筒内攀爬
5	精神不佳	严禁工作人员在精神不佳的状态下作业

1.2.4 排查故障点

1. 排查过程

根据制订的排查方案进行故障排查：

1）停机，切换机组状态到维护状态，攀爬扶梯进入机舱，打开机舱柜柜门，断开机舱柜 24V DC 供电开关，检查叶轮转速接近开关 1 信号电缆与端子排安装无虚接。

2）检查 overspeed 模块叶轮转速 1 输入信号线缆无虚接。

3）检查 overspeed 模块叶轮转速 1 输出信号线缆无虚接。

4）检查对应的倍福模块输入端口线缆无虚接。

5）恢复机舱柜 24V DC 供电，复位，锁定叶轮，进入轮毂，检查叶轮转速 1 接近开关端面与齿形盘间距是否在 2.0～2.5mm 范围内。

6）手动触发叶轮转速 1 接近开关，接近开关状态显示灯亮。

7）在叶轮转速 1 接近开关手动触发状态下，测量机舱柜内对应插排处、overspeed 模块叶轮转速 1 输入端口电压值在 24V DC 左右。

8）清理工具，出轮毂，松开叶轮锁定销。使用机舱维护手柄手动变桨，观察 overspeed 模块上叶轮转速 1 与叶轮转速 2 脉冲信号状态灯亮度有差异，转速 1 状态灯稍暗。

2. 排查结论

综合上述排查过程，推断是 overspeed 模块失效，导致检测的叶轮转速 1 脉冲信号数据异常。具体表现为：overspeed 模块接收叶轮转速 1 接近开关的信号脉冲电压后，因内部电路电器元件失效，不能准确解析，导致输入倍福模块端口的电压信号异常，主控 PLC 解析出异常数据。

1.2.5 更换故障元器件

1）拆卸、安装接近开关。需注意使用两把 24 号开口扳手配合作业，避免单面操作影响紧固效果或接近开关旋转造成电缆损坏。

2）overspeed 模块固定在机舱柜内的模块安装导轨上，拆卸过程中两边同步松开卡扣，禁止暴力拆卸。

1.2.6 故障处理结果

完成 overspeed 模块更换后，在机舱内使用机舱维护手柄手动变桨，观察叶轮转速 1、2 信号状态灯正常，故障初步处理完成。清理作业面，清点工器具，撤离工作面。塔底启动机组，发电机转速测量通道数据正常，机组恢复运行。

参考资料:

[1]《金风 2.0MW 机组主控系统故障解释手册》.

[2] 金风 2.0MW 机舱柜 I 型电气原理图.

任务 1.3　风速仪工作异常故障处理

1.3.1　故障信息

某项目 7 号机组报出风速仪工作异常故障后停机，拷贝并查看机组故障文件，可知机组报出 130#Error_wind anemometer 故障停机，如图 1.3.1 所示。

Active error list			
ErrActiveCode1	130#Error_wind anemometer	ErrActiveTime1	2022-11-27-01:10:04.898
ErrActiveCode2	null	ErrActiveTime2	null
ErrActiveCode3	null	ErrActiveTime3	null
ErrActiveCode4	null	ErrActiveTime4	null
ErrActiveCode5	null	ErrActiveTime5	null

图 1.3.1　故障文件

1.3.2　故障原因分析

在进行故障分析之前需要准备相应的参考资料，包括 2.0MW 机组电气原理图、《金风 2.0MW 机组主控系统故障解释手册》、故障文件（B 文件和 F 文件）。

1. 故障释义

以金风 2.0MW 机组为例，风速仪工作异常故障代码、故障名称和故障触发条件见表 1.3.1。

表 1.3.1　故障代码、名称和触发条件

故障代码	故障名称	故障触发条件
130	风速仪工作异常	使用一套风速仪时，满足下列条件之一： 1. 风速持续 3min 小于 1m/s，但电能表有功功率大于 50kW； 2. 风速持续 40s 小于 1m/s； 3. 发电机转速大于 7.8r/min 或 10s 平均风速大于 5m/s、持续 60s，但瞬时风速 500ms 变化值持续 3min 小于 0.05m/s 使用两套风速仪时：风速仪 1 异常警告与风速仪 2 异常警告条件同时成立

2. 风速测量原理

常用风速仪有机械式和超声波式。机械式风速仪由 3 个互成 120° 固定在支架上的圆形空杯组成感应部分，空杯的凹面朝一个方向，整个感应部分安装在一根垂直旋转轴上。在风力作用下，风杯绕轴以正比于风速的转速旋转，磁极随轴旋转，单片机感应磁极变化输出电流信号，如图 1.3.2 所示。

项目 1　主控系统故障处理

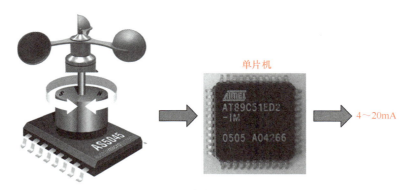

图 1.3.2　机械式风速仪工作原理

倍福模块输入端口并联 500Ω 电阻，将电流信号转换为电压信号，输入倍福模块端口，主控 PLC 计算风速值，如图 1.3.3 所示。

超声波式测风设备可同时测量风速和风向，如图 1.3.4 所示。

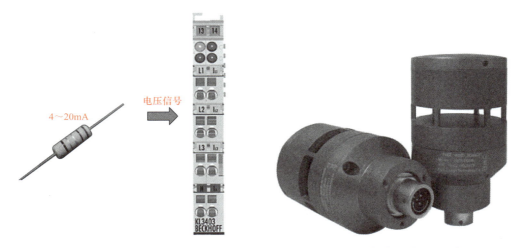

图 1.3.3　倍福模块风速信号输入　　　　图 1.3.4　超声波式测风设备

声波发送单元以固定频率发射超声波，经反射面反射后被接收单元接收。由于超声波在空气中的传播速度会和风向上的气流速度叠加，利用超声波时差法可实现风速、风向的测量。超声波测风设备检测风速与风向，经内部电路转换，输出电流信号，并联电阻后转化成电压信号，输入倍福模块端口，传输给主控 PLC，经解析得到风速、风向数据。超声波测风原理如图 1.3.5 所示。

3. 故障触发原因分析

根据风速测量原理可知，风速仪工作异常故障触发原因有：测风设备失效，电器连接电缆失效或虚接，信号防雷模块失效，500Ω 电阻失效或虚接，倍福模块失效，受环境影响测风设备覆冰。

图 1.3.5　超声波测风原理

4. 故障文件 F 文件分析

查看机组故障文件 F 文件，如图 1.3.6 所示。故障时刻 F 文件记录的风速仪工作异常数据为 130#Error_wind anemometer，风速为 −0.04m/s，环境温度为 −1.9℃。

\multicolumn{6}{c}{Active error list}					
ErrActiveCode1	130#Error_wind anemometer		ErrActiveTime1	2022-11-27-01:10:04.898	
ErrActiveCode2	null		ErrActiveTime2	null	
ErrActiveCode3	null		ErrActiveTime3	null	
ErrActiveCode4	null		ErrActiveTime4	null	
ErrActiveCode5	null		ErrActiveTime5	null	
wind measurement					
wind_speed	−0.04 m/s	average_wind_speed_10s	−0.04 m/s	average_wind_speed_30s	−0.04 m/s
bEOGFla	off				
wind_vane_wind_direction	182.91 deg	average_wind_vane_wind_direction_25s	204.48 deg	.	
cabinet monitoring					
control_cabinet_temperature	35.30 C	topbox_temperature	15.40 C	nacelle_temperature	6.70 C
tower_base_ambient_temperature	16.30 C	ambient_temperature	−1.90 C		

图 1.3.6　F 文件记录的风速仪工作异常数据

5. 故障文件 B 文件分析

查看机组故障文件 B 文件，故障时刻 B 文件记录的机组风速为 −0.044m/s，叶轮转速（发电机转速）为 7.265r/min，如图 1.3.7（见下页）所示。

6. 故障分析结论

综合以上故障分析和故障表现，对可能的故障点逐一进行分析，见表 1.3.2。

表 1.3.2　可能的故障点分析

序号	故障表现	故障点推测	依据
1	机组并网运行状态下，机组测量的风速为 −0.04m/s	雨雪寒潮天气，测风设备加热功能失效、覆冰，风杯停止旋转，风速仪停止输出电流信号	环境温度（雨雪天气）；机舱柜电气原理图
2		电气回路线缆虚接，电压信号未正常输入到倍福模块端口	
3		信号防雷模块失效，风速仪输出的电流信号在信号防雷模块停止进一步输入	
4		将电流信号转换为电压信号的 500Ω 电阻失效	
5		倍福模块失效，未将输入的电压信号正确传递到主控 PLC 进行风速计算	

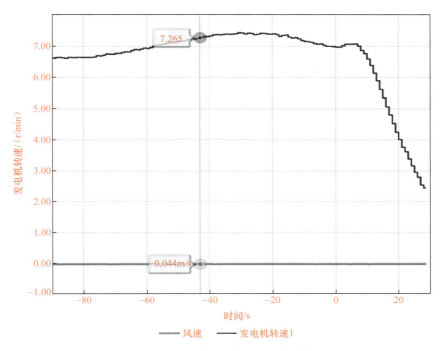

图 1.3.7　B 文件记录的风速、转速数据

1.3.3　故障排查方案制订及工器具准备

1. 故障排查方案制订

根据故障原因分析，制订故障排查方案如下：

1）检查风速仪加热功能是否满足环境要求。重启风速仪电源，用手触摸风速仪本体，看温度是否上升。

2）检查测风回路线缆是否虚接，导致风速仪输出的电流信号中断传输。

3）检查并联的 500Ω 电阻电阻值是否正常。

4）检查信号防雷模块是否失效，使用万用表检测信号防雷模块输入、输出端口是否导通。

5）检查风速信号输入端口倍福模块是否失效，倒换对应倍福模块，观察风速值是否恢复。

2. 工器具准备

根据故障排查方案准备故障排查所需的工器具，见表 1.3.3。

表 1.3.3 工器具清单

序号	工器具名称	数量	序号	工器具名称	数量
1	万用表	1个	6	斜口钳	1把
2	测风设备拆卸工装	2把	7	剥线钳	1把
3	活动扳手	1把	8	绝缘手套	1副
4	端子起	1套	9	工具包	1个
5	尖嘴钳	1把	10	绝缘胶带	1卷

3. 备件准备

准备故障排查所需的备件，见表 1.3.4。

表 1.3.4 备件清单

序号	备件名称	数量	序号	备件名称	数量
1	500Ω 电阻	1个	3	倍福模块 KL3404	1个
2	信号防雷模块	1个	4	测风设备（风速仪）	1只

4. 危险源分析

结合现场工作环境，对危险源进行分析，并制订相应的预防控制措施，见表 1.3.5。

表 1.3.5 危险源分析及预防控制措施

序号	危险源	预防控制措施
1	高处坠落	进入现场，正确穿戴安全防护用品。开始攀爬扶梯前，检查安全双钩绳、助爬器控制盒及钢丝绳，并对止跌扣进行试坠。每到一层平台应盖好盖板，上到偏航平台先挂好双钩再摘止跌扣。出机舱作业，在平台挂点挂好双钩绳
2	触电	电气作业必须断电、验电，确认无电后作业
3	机械伤害	工器具采用防坠落措施，避免工器具跌落伤人
4	物体打击	正确佩戴安全帽，禁止抛接工具、抛洒杂物。地面作业人员必须远离提升机作业范围，严禁人员从提升机下通过或逗留。工具应放在工具包内，携带工具的人员应先下后上。攀爬塔筒时，及时关闭平台盖板。严禁多人在同一节塔筒内攀爬
5	精神不佳	严禁工作人员在精神不佳的状态下作业
6	车辆行驶	雨雪寒潮天气，车辆安装防滑链或雪地轮胎

1.3.4 排查故障点

1. 排查过程

根据制订的排查方案进行故障排查：

1）雨雪寒潮天气，测风设备加热功能失效（不满足环境要求）、覆冰，待环境温度上升后，测风数据恢复正常。

项目1 主控系统故障处理

2）检查机舱柜内测风回路线缆接线正常，无虚接。

3）测量500Ω电阻阻值。拆下电阻，使用万用表电阻挡测量阻值为500Ω左右。

4）拆下信号防雷模块，用万用表通断挡测量信号防雷模块输入、输出端口之间导通。

5）倒换倍福模块（风速测量倍福模块），观察风速值与倒换前相比无明显变化。

6）检查测风设备加热功能。重启测风设备电源（断开再闭合供电回路开关），风速传感器自检加热30s，触摸传感器本体是否加热。

2. 排查结论

综合上述排查过程，推断故障原因为测风设备加热功能失效，受雨雪寒潮天气影响，测风设备覆冰，导致主控系统监测的风速数据异常，故障报出。

1.3.5 更换故障元器件

测风设备更换需使用特制工装，对底座固定螺母进行拆卸、紧固。

1.3.6 故障处理结果

更换测风设备后，测试测风设备加热功能正常，故障处理初步完成。恢复柜体内线缆、模块，清理作业面，清点工器具。塔底启动机组，机组恢复正常运行。

参考资料：

[1]《金风2.0MW机组主控系统故障解释手册》.

[2]金风2.0MW机舱柜Ⅰ型电气原理图.

任务 1.4　机舱子站总线异常故障处理

1.4.1　故障信息

某项目 4 号机组报出机舱子站总线异常故障，故障文件如图 1.4.1 所示。

主要信息	风机状态：service mode	风速：0.00 m/s	功率：0.00 kW	发电机转速：0.00r/min
变桨	当前故障数	9		
电网及限功率	故障号	故障名	故障精确时间	故障值
变流器	117	机舱子站总线异常	2021-7-16 10:35:30:502	8
变流器冷却	92	安全链过速	2021-7-16 10:35:30:525	0
发电机	95	变桨安全链触发	2021-7-16 10:35:30:525	0
驱动	120	1#变桨子站总线异常	2021-7-16 10:35:30:744	2
润滑系统	121	2#变桨子站总线异常	2021-7-16 10:35:30:744	2
	122	3#变桨子站总线异常	2021-7-16 10:35:30:744	2

图 1.4.1　故障文件

1.4.2　故障原因分析

在进行故障分析之前需要准备相应的参考资料，包括 2.0MW 机组电气原理图、《金风 2.0MW 机组主控系统故障解释手册》、故障文件（B 文件和 F 文件）。

1. 故障释义

本项目机型金风 2.0MW 机组控制系统整体采用 Profibus-DP 总线通信，控制系统由主控 PLC、变桨子站、机舱子站、水冷子站、变流子站组成。主站、子站分配不同的通信地址，主站地址为 1，机舱控制子站地址为 20，三个变桨控制子站的地址分别为 41、42、43。金风 2.0MW 机组 Profibus-DP 总线控制系统的拓扑结构如图 1.4.2 所示。

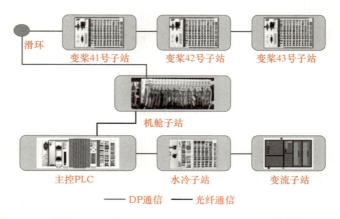

图 1.4.2　金风 2.0MW 机组 Profibus-DP 总线控制系统的拓扑结构

项目 1　主控系统故障处理

正常运行状态下，各个子站的总线状态字为 0。当主控 PLC 检测到子站的状态字不为 0 时，则会触发子站总线异常故障。

以金风 2.0MW 机组为例，机舱子站总线异常故障的故障代码、故障名称、故障触发条件见表 1.4.1。

表 1.4.1　故障代码、名称和触发条件

故障代码	故障名称	故障触发条件
117	机舱子站总线异常	20 号（机舱）子站总线状态字不为 0

2. 运行原理解析

金风 2.0MW 机型机组的机舱子站一共由 29 个模块组成：BK3150 模块是机舱子站的通信模块；KL9210 模块主要负责向后续的倍福模块进行直流 24V 供电；KL1104 模块一共有 11 个，是 4 通道的数字量输入模块；KL2134 模块一共有 5 个，是数字量的输出模块；KL3404 模块一共有 5 个，是模拟量的输入模块；KL3204 模块一共有 5 个，也是模拟量的输入模块，其功能比较专一，即连接 PT100 温度传感器用于温度的测量；KL9010 是总线终端模块。子站内部的模块通过 K-bus 总线进行通信。机舱子站的模块组成如图 1.4.3 所示。

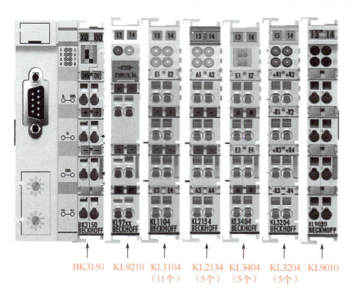

图 1.4.3　机舱子站模块组成

3. BK3150 模块指示灯简介

BK3150 模块共有 7 个指示灯，如图 1.4.4 所示。其中，左边 3 个为总线诊断 LED 指示灯，指示现场总线通信状态，BF 和 DIA 亮红灯代表通信异常。右边 4 个分别为电源指示灯和 K-bus 诊断 LED 指示灯，电源指示灯灭代表对应的模块没有 24V 电源，K-bus 诊断 LED 指示灯的 RUN 灯灭代表没有 K-bus 通信，RUN 灯亮或者闪烁代表 K-bus 运行。K-bus 诊断

LED 指示灯的 ERR 灯指示耦合器工作是否有错误，根据红灯快速闪烁中间的两次慢闪脉冲次数确定错误代码，即快闪→第一次慢闪（由慢闪次数确定故障代码）→第二次慢闪（由慢闪次数确定故障参数）→快闪。具体错误代码查看 K-bus 的错误代码表，见表 1.4.2。

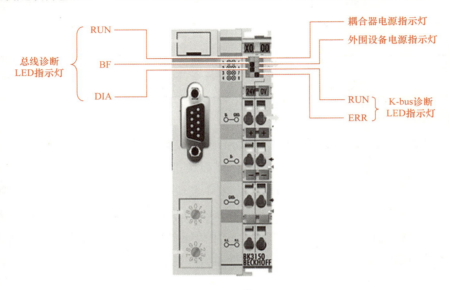

图 1.4.4　BK3150 模块指示灯

表 1.4.2　K-bus 的错误代码表

故障代码	故障参数	描述	处理方法
0	/	EMC 故障	检查电源是否过电压或欠电压；EMC 检测（关掉电源，然后重启电源）
1	0	EEPROM 校验错误	通过 KS2000 软件恢复耦合器为出厂值
1	1	代码缓冲器溢出	减少安装的模块；编写的程序过多，精简程序
1	2	未知数据类型	更新软件
2	/	未使用	没有插入总线端子；总线端子中有错误，将连接的总线端子模块数减半，并检查错误是否仍然与剩余的总线端子一起存在；重复以上步骤，直到找出有问题的总线端子
3	0	K-bus 指令错误	检查终端模块 KL9010 是否连接正常
4	0	K-bus 数据错误，在总线耦合器后中断	检查终端模块 KL9010 是否连接正常
4	n	在第 n 个端子模块后中断	第 n+1 个端子模块连接是否牢靠，如有必要可以更换新模块
5	n	与第 n 个端子模块注册表 K-bus 通信错误	调换第 n 个总线端子
6	0	初始化错误	更换总线耦合器
6	1	内部数据错误	总线耦合器复位（重启）
6	2	控制器启动后改动了拨码开关	总线耦合器复位（重启）

续表

故障代码	故障参数	描述	处理方法
7	0	程序实际运行时间超过设定的周期	再次启动总线耦合器消除错误 解决方法：延长设定的程序运行周期
9	0	程序校验出错	再次下载程序
9	1	应用了不正确的库	移除不正确的库
10	n	当自启动文件创建时，第 n 个端子模块与配置不符合	检查第 n 个端子，删除自启动程序或者插入自启动需要的模块
14	n	第 n 个总线端子格式错误	重新启动电源；如果还出现错误，更换总线端子模块
15	n	总线端子数量不正确	重启耦合器；如果还出现错误，用 KS2000 恢复出厂设置
16	n	K-bus 数据长度不正确	重启耦合器；如果还出现错误，用 KS2000 恢复出厂设置

4. 故障的影响

机舱子站总线异常故障的影响主要有以下两个方面：

1）导致机组故障停机，造成发电量损失。

2）机组报出此故障之后，由于主控 PLC 与机舱子站之间的通信中断，机组无法偏航。

5. 故障触发原因分析

结合机组主控系统的通信原理，梳理出机舱子站总线异常故障的原因，分为以下几类情况：

1）DP 子站模块损坏，主要是指 BK3150 模块损坏。

2）普通模块损坏，即变桨子站中除 DP 子站模块之外的其他倍福模块损坏，导致子站内部模块之间的 K-bus 通信中断，进而影响到 BK3150，使其工作不正常。

3）DP 头与 DP 线损坏或者接线问题，主要指 DP 线存在断点或虚接、DP 头的插针损坏、DP 头内部的终端电阻损坏或阻值不为 220Ω。

4）子站供电回路异常。机舱柜的 400V 供电异常、24V 电源模块异常等原因导致机舱子站模块的 24V 供电丢失。

根据对机舱子站总线异常故障的原因分析，结合机组运行原理，确定故障排查的步骤如下：

1）检查子站供电回路，包括机舱柜的 400V 供电、开关电源、UPS 电源等部件，用万用表测量 UPS 电源的 24V 输出是否正常。

2）检查 DP 头与 DP 线，检查 DP 线是否存在断点或虚接，DP 头的插针是否损坏，测量 DP 头内部的终端电阻阻值是否为 220Ω。

3）观察 BK3150 模块的指示灯，判断 BK3150 模块与其他模块的状态。

6. 故障文件 F 文件分析

拷贝机组故障文件,由 F 文件可以看到,20 号子站的状态诊断信息（Profi-in-profi_node_20_diag）为 2,如图 1.4.5 所示,代表站点不存在,满足故障定义。通过对这部分信息进行分析,初步推断故障原因为 20 号子站状态异常。

图 1.4.5　子站状态诊断（F 文件）

7. 故障分析结论

结合前文的故障表现和故障分析,对可能的故障原因逐一进行分析,见表 1.4.3。

表 1.4.3　故障原因分析

序号	故障表现	原因分析	依据
1	20 号子站的状态诊断信息（Profi-in-profi_node_20_diag）为 2	3 号子站供电异常	机舱电气原理图
2		子站模块损坏或者其他模块损坏	

1.4.3　故障排查方案制订及工器具准备

1. 故障排查方案

根据故障原因分析,制订故障排查方案如下:

1）排查机舱供电回路。检查子站供电回路,包括机舱柜的 400V 供电、开关电源、UPS 电源等部件,用万用表测量 UPS 电源的 24V 输出是否正常。

2）检查 DP 头与 DP 线。检查 DP 线是否存在断点或虚接,DP 头的插针是否损坏,测量 DP 头内部的终端电阻阻值为 220Ω。

3）观察 BK3150 模块的指示灯,判断 BK3150 模块与其他模块的状态。

2. 工器具准备

根据故障排查方案准备故障排查所需的工器具,见表 1.4.4。

表 1.4.4　工器具清单

序号	工器具名称	数量	序号	工器具名称	数量
1	万用表	1 个	6	斜口钳	1 把
2	活动扳手	1 个	7	28 件套套筒扳手	1 套
3	内六角扳手	1 套	8	绝缘手套	1 副
4	螺丝刀	1 套	9	工具包	1 个
5	尖嘴钳	1 把	10	绝缘胶带	1 卷

3. 备件准备

根据故障排查方案准备所需的备件，见表 1.4.5。

表 1.4.5 备件清单

序号	备件名称	数量	序号	备件名称	数量
1	BK3150 模块	1 个	4	KL9210 模块	1 个
2	KL1104 模块	1 组	5	KL3204 模块	1 套
3	KL2134 模块	1 个	6	DP 头	1 个

4. 危险源分析

结合现场工作实际，对危险源进行分析，并制订相应的预防控制措施，见表 1.4.6。

表 1.4.6 危险源分析及预防控制措施

序号	危险源	预防控制措施
1	高处坠落	进入现场，工作人员穿好工作服及劳保鞋，戴好安全帽。开始攀爬扶梯前，检查并穿好安全衣，检查助爬器控制盒及钢丝绳，攀爬前进行试坠。每到一层平台应盖好盖板，上到偏航平台先挂好双钩再摘止跌扣
2	触电	电气作业必须断电、验电，确认无电后作业。在电容、电感及 AC2、NG5 上的作业还应在停电后进行充分放电，测量无电后操作
3	机械伤害	进入叶轮必须锁定好机械锁。变桨和偏航时，严禁未得到其他人的同意即操作。变桨、偏航时人员应离开旋转部位
4	物体打击	现场人员必须戴好安全帽，禁止抛接工具、抛洒杂物。地面作业人员必须远离提升机作业范围，严禁人员从提升机下通过、逗留。工具应放在工具包内，携带工具的人员应先下后上。攀爬塔筒时，及时关闭塔筒门。严禁多人在同一节塔筒内攀爬
5	精神不佳	严禁工作人员在精神不佳的状态下作业

1.4.4 排查故障点

1. 排查过程

根据制订的故障排查方案进行故障排查：

1）远程复位，故障再次报出，说明不是机组误报故障。

2）塔底复位，故障再次报出，说明存在器件损坏或者线路异常，需要维护人员登机排除故障点。

3）检查机舱子站的 24V 供电回路，24V 电源输入正常。

4）检查 DP 头无损坏、拨码正确，线路无虚接；检查 DP 线无损坏、无虚接。

5）观察 BK3150 模块的 K-bus ERR 灯闪烁规律为：快闪 16 次→第一次慢闪 4 次→第二次慢闪 8 次→快闪 16 次。

6）根据 K-bus ERR 灯的工作原理，以红灯快速闪烁中间的两次慢闪脉冲次数确定错误代码，这里确定故障代码为 4，故障参数为 8，故障解释为在第 8 个模块后中断。

7）以 KL9210 模块为第一个模块往后数，第 8 个模块为 KL1104 模块，需更换 KL1104 模块排除故障。

2. 排查结论

综合上述排查过程，基本推断为子站第 8 个模块 KL1104 模块损坏，导致机舱子站内部 K-bus 通信中断，进而影响 BK3150 模块的正常工作，导致报出故障。

本次机组报出机舱子站总线异常故障的根本原因为 KL1104 模块损坏，具体表现为机舱子站的状态字为 2，BK3150 的 K-bus ERR 灯闪烁规律为快闪 16 次→第一次慢闪 4 次→第二次慢闪 8 次→快闪 16 次，故障点相对比较隐秘，需要运用倍福模块的专业方法进行判定。

1.4.5　更换故障元器件

1）断开机舱控制柜内的 24V 电源开关。
2）拆下 KL1104 模块上面的接线。
3）将 KL1104 模块拔出。
4）更换新的 KL1104 模块。
5）收拾工具，将轮毂内的工具清点好，清除异物。
6）机舱柜上电，闭合 24V 电源开关。

1.4.6　故障处理结果

完成故障元器件更换之后进行测试，故障排除，手动生成故障文件，机舱 20 号子站的状态恢复正常，如图 1.4.6 所示。

profibus					
profi_in_profi_node_8_diag	0	profi_in_profi_node_18_diag	0	profi_in_profi_node_20_diag	0
profi_in_profi_node_41_diag	0	profi_in_profi_node_42_diag	0	profi_in_profi_node_43_diag	0
profi_in_profi_node_80_diag	0				

图 1.4.6　故障处理后机舱子站的状态

完成测试之后，对机组进行并网运行测试，机组正常启动运行，通过网页监控观察机舱通信数据稳定。

参考资料：

[1]《金风 2.0MW 机组主控系统故障解释手册》.
[2] 金风 2.0MW 机舱柜Ⅰ型电气原理图.

附录　机组主控系统故障文件拷贝方法

1. 通过以太网网线连接 PLC 模块与维护计算机，如附图 1 所示。

附图 1　主控 PLC 与计算机网线连接

2. 修改计算机 IP 地址为 192.168.151.213，子网掩码为 255.255.255.0，如附图 2 所示。

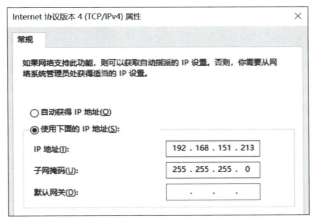

附图 2　设置计算机 IP 地址

3. 打开"我的电脑"，在地址栏输入 ftp://192.168.151.×，× 为机位号，如附图 3 所示。

附图 3　网页版监控登录

4. 完成地址输入后，按 enter 键，进入 PLC 的 ftp 文件夹根目录，将故障文件 B 文件和 F 文件存储在故障（error）文件夹内，如附图 4 所示。

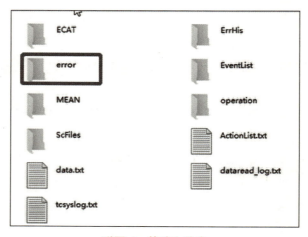

附图4　故障文件夹

项目 2 叶轮系统故障处理

目　　录

任务 2.1　变桨子站总线异常故障处理 ·· 1

任务 2.2　变桨逆变器 OK 信号丢失故障处理 ·· 9

任务 2.3　变桨位置比较偏差大故障处理 ··· 19

任务 2.4　变桨充电器反馈丢失故障处理 ··· 30

附录 1　AC2 故障代码解释表 ·· 39

附录 2　AC2 故障脉冲解释表 ·· 41

任务 2.1　变桨子站总线异常故障处理

2.1.1　故障信息

某项目 13 号机组报出 3 号变桨子站总线故障，远程查看机组网页监控，故障界面如图 2.1.1 所示。

图 2.1.1　故障界面

2.1.2　故障原因分析

在进行故障分析之前需要准备相应的参考资料，包括 2.5MW 机组电气原理图、《金风 2.5MW 机组主控系统故障解释手册》、故障文件（B 文件和 F 文件）。

1. 故障释义

金风 2.5MW 机组控制系统整体采用 EtherCAT 总线通信，由主控 PLC、变桨子站、机舱控制子站、水冷控制子站、变流控制子站组成。主站、子站分配不同的通信地址，主站地址为 1，机舱控制子站地址为 20，三个变桨控制子站的地址分别为 41、42、43。2.5MW 机组 EtherCAT 总线控制系统的拓扑结构如图 2.1.2 所示。变桨控制系统的三个子站通过 Profibus-DP 现场总线和主控制系统通信，接受主控制系统的指令，同时监测变桨系统的内部信号，并将信号传递给主控制系统，3 号叶片的变桨子站对应 43 号子站。

正常运行状态下各个子站的总线状态字为 0，当主控 PLC 检测到 43 号子站的状态字不为 0 时则会触发 3 号变桨子站总线异常故障。

以金风 2.5MW 机组为例，变桨子站总线异常故障的故障代码、故障名称、故障触发条件见表 2.1.1。

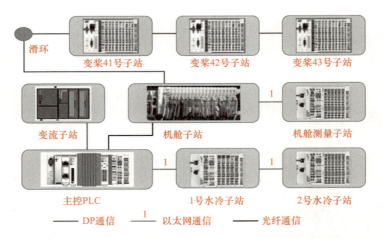

图 2.1.2　2.5MW 机组 EtherCAT 总线控制系统的拓扑结构

表 2.1.1　故障代码、名称和触发条件

故障代码	故障名称	故障触发条件
490	1号变桨子站总线异常	41号（1号变桨）子站总线状态字不为0
491	2号变桨子站总线异常	42号（2号变桨）子站总线状态字不为0
492	3号变桨子站总线异常	43号（3号变桨）子站总线状态字不为0

2. 运行原理解析

国产 Vensys 变桨控制柜主电路采用交流—直流—交流回路，由充电器将三相 400V AC 的输入电源整流为 100V 直流电输送到直流母线，再由逆变器 AC3 将 100V 直流电逆变成三相 49V 的交流电驱动变桨电动机变桨，变桨电动机采用交流异步电动机。每个叶片都配备一套超级电容组作为后备电源。变桨系统中配备两个 DC—DC 直流电源模块 7T1 和 9T2 为变桨系统进行 24V 控制电源供电。变桨系统的主回路拓扑结构如图 2.1.3 所示。

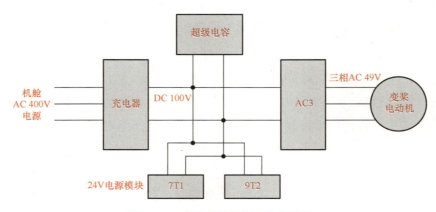

图 2.1.3　变桨系统主回路拓扑结构

3. 故障的影响

变桨子站总线异常故障的影响主要有以下两个方面：

1）导致机组故障停机，造成发电量损失。

2）机组报出此故障之后，部分机组存在叶片不能收回的情况，在风速较大的情况下存在叶轮飞车等设备安全隐患。

4. 故障触发原因分析

结合变桨系统的原理，梳理变桨子站总线状态字不为 0 的原因，有以下几类情况：

1）DP 子站模块损坏，主要是指 BX3100 模块损坏。

2）普通模块损坏，即变桨子站中除 DP 子站模块之外的其他倍福模块损坏，导致子站内部模块之间的 K-bus 通信中断，进而影响到 BX3100，使其工作不正常。

3）DP 头与 DP 线损坏或者接线问题，主要指 DP 线存在断点或虚接、DP 头的插针损坏、DP 头内部的终端电阻损坏或阻值不为 220Ω。

4）滑环原因。滑环损坏或者长时间没有维护，会导致变桨系统与机舱之间的通信中断或者数据丢失，机组报出 41、42、43 号变桨子站总线故障。

5）子站供电回路异常。变桨柜的 400V 供电异常、充电器输出异常、24V 电源模块异常等导致变桨子站模块的 24V 供电丢失。

根据对变桨子站总线状态字不为 0 的原因分析，结合机组运行原理，确定故障排查的步骤如下：

1）从机舱控制柜到 3 号变桨控制柜，依次检查 DP 头、DP 线是否存在损坏、线路虚接等情况。

2）检查滑环是否存在明显异常和损坏。

3）查看模块指示灯，检查 3 号变桨子站的子站模块和其他模块是否存在损坏的情况。

4）检查 3 号变桨柜的供电回路，检查变桨柜的 400V 进线电源电压、充电器的输出电压、9T2 模块的输出电压是否正常。

5. 故障文件 F 文件分析

拷贝机组故障文件，由 F 文件可以看到，43 号子站的状态诊断信息（profi_node_43_diag_info）为 2，如图 2.1.4 所示，代表站点不存在，满足故障定义。同时，发现 3 号叶片变桨超级电容电压很低，明显异常，如图 2.1.5 所示。通过对这两部分信息的分析，初

profibus			
profi_node_80_diag_info	0	.	.
profi_node_42_diag_info	0	profi_node_43_diag_info	2
Ether_in_SyncUnit_nacelle_LWR	off	Ether_in_SyncUnit_LVD_LRD	off
Ether_in_SyncUnit_Cooling1_LRD	off	Ether_in_SyncUnit_Cooling1_LWR	off

图 2.1.4 子站状态诊断（F 文件）

步推断故障原因为 43 号子站状态异常。

pitch power supply and capacitors			
pitch_cap_voltage_U1_2	100.32 V	pitch_cap_voltage_U1_3	16.69 V
pitch_cap_voltage_U2_or_DC_2	71.45 V	pitch_cap_voltage_U2_or_DC_3	13.48 V
pitch_cap_voltage_U3_2	42.86 V	pitch_cap_voltage_U3_3	0.00 V
pitch_24V_brake_voltage_2	24.14 V	pitch_24V_brake_voltage_3	0.00 V

图 2.1.5　超级电容电压低（F 文件）

6. 故障文件 B 文件分析

结合上文对 F 文件的分析，进一步分析故障文件 B 文件。首先分析模拟量。结合前面发现的超级电容电压异常分析电容电压变化，其中 1 号和 2 号叶片的电容电压在故障前后保持稳定，3 号叶片的电容电压在故障时刻突变到 0，之后一直保持为 0，如图 2.1.6 所示。分析三个叶片的桨叶角度可以看出，机组是在启机开桨的过程中报出故障，三支叶片在 59°待机位置停留 7s 左右机组故障触发，1 号叶片与 2 号叶片紧急收桨，3 号叶片角度突变为 0，如图 2.1.7 所示。结合上文对变桨系统主供电回路的介绍，初步推断因为变桨系统供电回路异常，变桨子站状态异常。

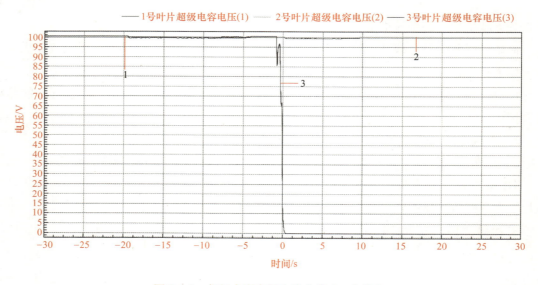

图 2.1.6　超级电容电压变化曲线（B 文件）

接下来分析数字量。从图 2.1.8 中可以看出，3 号叶片的 AC3 逆变器从故障时刻开始一直没有 OK 信号输出。1 号与 2 号叶片的充电器 OK 信号正常，3 号叶片从故障时刻开始 OK 信号状态值变为 0，如图 2.1.9 所示。

7. 故障分析结论

结合前文的故障表现和故障分析，对可能的故障原因逐一进行分析，见表 2.1.2。

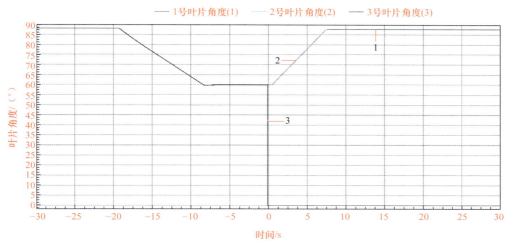

图 2.1.7　叶片角度变化曲线（B 文件）

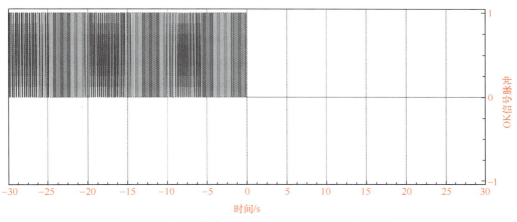

图 2.1.8　3 号叶片 AC3 逆变器 OK 信号（B 文件）

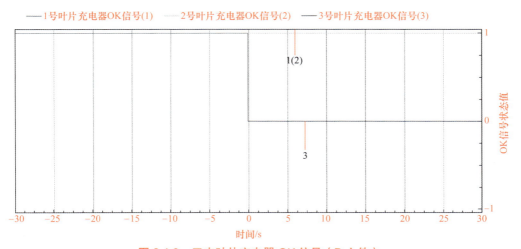

图 2.1.9　三支叶片充电器 OK 信号（B 文件）

表 2.1.2 故障原因分析

序号	故障表现	原因分析	依据
1	43号子站的状态诊断信息（profi_node_43_diag_info）为 2	1）43号子站供电异常 2）子站模块或其他模块损坏	变桨系统电气原理图
2	3号叶片的超级电容电压在故障时刻突变到0，之后一直保持为0	1）充电器损坏或者输出异常 2）超级电容或者保险损坏 3）变桨子站24V掉电	B文件电容电压变化曲线
3	3号叶片角度突变为0	1）变桨子站24V掉电 2）旋转编码器回路故障	B文件叶片角度变化曲线
4	3号叶片的充电器OK信号为0	充电器失电	变桨系统电气原理图
5	3号叶片的AC3逆变器OK信号丢失	1）AC3损坏或者自身内部电路异常 2）1号变桨柜24V电源供电异常	变桨系统电气原理图

2.1.3 故障排查方案制订及工器具准备

1. 故障排查方案

根据故障原因分析，制订故障排查方案如下：

1）排查3号BX3100模块及其他倍福模块是否损坏，如损坏需更换。

2）检查3号变桨柜的供电回路，包括400V进线电压、充电器的输入输出电压、AC3的输入电压、9T2模块的输入输出电压是否正常。

3）检查从机舱柜到3号变桨柜的DP线有无损坏、虚接。

4）检查从机舱柜到3号变桨柜的DP头有无损坏、虚接，拨码是否正确。

5）检查滑环是否积存较多碳粉、有无明显损坏痕迹。

6）对3号叶片进行手动变桨与自动变桨测试，变桨过程中观察变桨速度是否在正常范围内。

2. 工器具准备

根据故障排查方案准备故障排查所需的工器具，见表2.1.3。

表 2.1.3 工器具清单

序号	工器具名称	数量	序号	工器具名称	数量
1	万用表	1个	6	斜口钳	1把
2	活动扳手	1个	7	28件套套筒扳手	1套
3	内六角扳手	1套	8	绝缘手套	1副
4	螺丝刀	1套	9	工具包	1个
5	尖嘴钳	1把	10	绝缘胶带	1卷

3. 备件准备

根据故障排查方案准备所需的备件，见表2.1.4。

项目 2　叶轮系统故障处理

表 2.1.4　备件清单

序号	备件名称	数量	序号	备件名称	数量
1	变桨逆变器 AC3	1 个	4	DP 头	1 个
2	超级电容模块	1 组	5	9T2 模块	1 套
3	旋转编码器	1 个	6	BX3100 模块	1 个

4. 危险源分析

结合现场工作实际,对危险源进行分析,并制订相应的预防控制措施,见表 2.1.5。

表 2.1.5　危险源分析及预防控制措施

序号	危险源	预防控制措施
1	高处坠落	进入现场,工作人员穿好工作服及劳保鞋,戴好安全帽。开始攀爬扶梯前检查并穿好安全衣,检查助爬器控制盒及钢丝绳,攀爬前进行试坠。每到一层平台应盖好盖板,上到偏航平台先挂好双钩再摘止跌扣
2	触电	电气作业必须断电、验电,确认无电后作业。在电容、电感及 AC2、NG5 上的作业还应在停电后进行充分放电,测量无电后操作
3	机械伤害	进入叶轮必须锁定好机械锁。变桨和偏航时,严禁未得到其他人的同意即操作,变桨、偏航时人员应离开旋转部位
4	物体打击	现场人员必须戴好安全帽,禁止抛接工具、抛洒杂物。地面作业人员必须远离提升机作业范围,严禁人员从提升机下通过、逗留。工具应放在工具包内,携带工具的人员应先下后上。攀爬塔筒时,及时关闭塔筒门。严禁多人在同一节塔筒内攀爬
5	精神不佳	严禁工作人员在精神不佳的状态下作业

2.1.4　排查故障点

1. 排查过程

根据制订的故障排查方案进行故障排查:

1)远程复位,故障再次报出,说明不是机组误报故障。

2)塔底复位,故障再次报出,说明存在器件损坏或者线路异常,需要维护人员登机检查故障点。

3)将机组停机,切换至维护状态,锁定叶轮之后,将三个变桨柜切换到手动变桨模式,打开 3 号叶片变桨控制柜进行检查,发现 3 号叶片的变桨逆变器 AC3 有烧黑的痕迹,并且有轻微的黑烟冒出。将 3 号变桨柜断电,进一步仔细检查,发现充电器的电源开关跳闸,超级电容的 400A 保险块熔断,3 号叶片未收回。

4)检查 3 号变桨柜其他部件,无损坏或明显异常。

2. 排查结论

综合上述排查过程,基本推断故障为 AC3 内部短路引发,短路电流过大导致超级电容保险块熔断,充电器电源开关跳闸,导致变桨子站模块的24V电源丢失。

本次机组报出变桨子站总线异常故障的根本原因为变桨逆变器AC3损坏,故障点相对比较明显。

2.1.5 更换故障元器件

1)进入轮毂前必须断开变桨动力电源开关101F8,并对3号叶片的超级电容组进行放电。更换AC3逆变器之前用万用表测量超级电容电压,当超级电容模块电压小于1.2V DC时才可以进行更换,当电压不满足要求时可通过大功率电阻进行放电。

2)拆卸3号变桨逆变器AC3的直流输入进线、三相输出动力电缆、信号线。

3)拆卸变桨逆变器AC3的固定螺栓。

4)安装新的AC3变桨逆变器。

5)安装新的超级电容保险块。

6)收拾工具,将轮毂内的工具清点好,清除异物。

7)变桨上电,闭合变桨动力电源开关101F8。

2.1.6 故障处理结果

完成故障元器件更换之后,进行手动与自动变桨测试,同时观察3号叶片的变桨速度,手动变桨速度为1.6°/s,自动变桨速度为2°/s,没有出现变桨速度异常现象。完成变桨测试之后,对机组进行并网运行测试,机组正常启动运行,通过网页监控观察变桨速度稳定。

参考资料:

[1]《金风2.5MW机组主控系统故障解释手册》.

[2]《金风2.0&2.5MW风力发电机组变桨AC2故障处理说明》.

任务 2.2　变桨逆变器 OK 信号丢失故障处理

2.2.1　故障信息

某项目 8 号机组报出 1 号变桨逆变器 OK 信号丢失故障，远程查看机组网页监控，故障界面如图 2.2.1 所示，报出故障的叶片没有收回到停机位置。

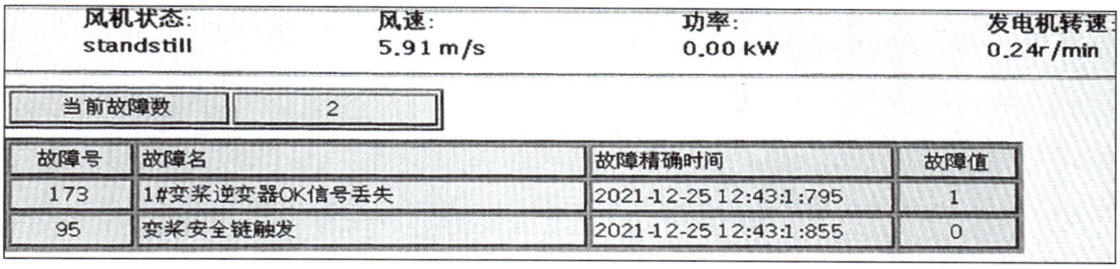

图 2.2.1　故障界面

2.2.2　故障原因分析

在进行故障分析之前需要准备相应的参考资料，包括 2.0MW 机组电气原理图、《金风 2.0MW 机组主控系统故障解释手册》、故障文件（B 文件和 F 文件）。

1. 故障释义

变桨逆变器又名变桨驱动器，在变桨系统中的作用为将充电器输出的直流电转换成三相频率可变的交流电，驱动变桨电动机进行变桨旋转。逆变器 OK 信号是逆变器向机组控制系统反馈的逆变器内部状态信号，用于指示逆变器内部当前无故障。当变桨逆变器报出故障时，变桨逆变器 OK 信号丢失。1 号变桨逆变器 OK 信号丢失故障表示 1 号叶片变桨逆变器报出故障。

以金风 2.0MW 机组为例，变桨逆变器 OK 信号丢失故障的故障代码、故障名称、故障触发条件见表 2.2.1。

表 2.2.1　故障代码、名称和触发条件

故障代码	故障名称	故障触发条件
172	1 号变桨逆变器 OK 信号丢失	来自 1 号变桨的变桨逆变器脉冲信号丢失
173	2 号变桨逆变器 OK 信号丢失	来自 2 号变桨的变桨逆变器脉冲信号丢失
174	3 号变桨逆变器 OK 信号丢失	来自 3 号变桨的变桨逆变器脉冲信号丢失

2. 运行原理解析

国产 Vensys 变桨控制柜主电路采用交流—直流—交流回路，由充电器将三相 400V AC 的输入电源整流为 85V 直流电输送到直流母线，再由逆变器 AC2 将 85V 直流电逆变成三相 49V 的交流电驱动变桨电动机变桨，变桨电动机采用交流异步电动机。每个叶片都配备一套超级电容组作为后备电源。变桨系统中配备两个 DC—DC 直流电源模块 7T1 和 9T2 为变桨系统进行 24V 控制电源供电。变桨系统的主回路拓扑结构如图 2.2.2 所示。

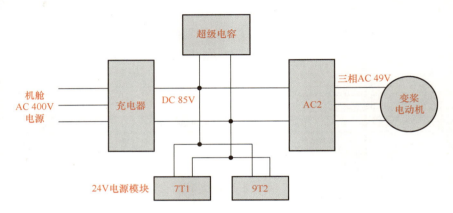

图 2.2.2　变桨系统主回路拓扑结构

3. 变桨逆变器 AC2 的基本原理

金风兆瓦机组变桨系统使用的逆变器（又名 AC2）由控制板、触发板、功率板、铝制散热底板等几部分组成，采用 MOSFET 作为逆变功率器件，它的输入是由充电器和超级电容并联提供的直流 85V 电源，AC2 内部通过 MOSFET 管组成的三相桥将输入的直流电逆变为三相频率可变的交流电，驱动变桨电动机变桨旋转，达到调速目的。AC2 自身的逻辑控制板具备检测故障的功能，逆变器内部状态信号（OK 信号）通过逆变器的 A3 和 A4 端口反馈给 A10 模块，A10 模块将信号转换之后输出一个 24V 信号给变桨子站 PLC 模块的输入端口，同时变桨子站的 BX3100 模块会通过它们之间的 CAN 网络通信实时接收 AC2 的数据。AC2 的内部结构如图 2.2.3 所示。

当变桨逆变器报出故障，逆变器的 A3 和 A4 端口停止向变桨子站反馈 OK 信号，主控系统检测到逆变器 OK 信号丢失之后会马上控制机组执行故障停机。

4. 故障的影响

变桨逆变器 OK 信号丢失故障的影响主要有以下两个方面：

1）导致机组故障停机，造成发电量损失。

2）机组报出此故障之后，部分机组存在叶片不能收回的情况，在风速较大的情况下存在叶轮飞车等设备安全隐患。

项目 2　叶轮系统故障处理

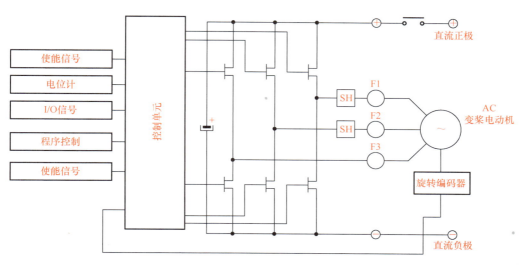

图 2.2.3　AC2 内部结构

5. 故障触发原因分析

结合变桨系统的原理，梳理变桨逆变器 OK 信号丢失的原因，有以下几类情况：

1）AC2 逆变器本体损坏或故障，其控制单元检测到故障之后停止输出 OK 信号。

2）AC2 逆变器本体正常，逆变器外围连接的部件和回路（如旋转编码器回路、超级电容、变桨电动机回路、电磁刹车控制回路）出现异常，AC2 接收到异常的反馈信号，导致 AC2 报故障，停止输出 OK 信号。

3）AC2 的供电回路异常，包括 85V 直流输入、逆变器 key 端口电源输入与 24V 电源输入异常，导致 OK 信号异常。

4）AC2 逆变器正常输出 OK 信号，但是 AC2 到变桨子站 PLC 模块的输入端口回路存在部件损坏或者线路虚接，导致 PLC 模块没有接收到正常的 OK 信号。

根据对变桨逆变器 OK 信号丢失原因的分析，结合机组运行原理，确定故障排查的步骤如下：

1）区分机组故障时的运行状态。如果在风机刚上电状态下报出变桨逆变器 OK 信号丢失故障，一般是由于变桨柜长时间断电，在超级电容未完成充电时，AC2 工作后会检测到输入直流母线的电压低。此种情况下，通过在塔底给 AC2 复位信号或者对变桨柜 2Q1 开关进行断上电操作即可解除此故障。

2）区分主故障与附带故障。通过面板或网页查看故障信息，根据报故障的先后顺序，判断是否由其他故障引起顺带报出 AC2 故障，如果是，只需把主故障处理好，附带故障即可排除。

3）排除以上两种情况之后，按照先主后辅的原则，先排查变桨系统的主回路，排查变桨逆变器 AC2 与变桨电动机等部件本身、连接线路、电压电流有无异常。

4）完成主回路排查之后，排查辅助回路与控制回路，排查旋转编码器回路、电磁刹车控制回路、AC2 逆变器信号回路、24V 电源回路、超级电容回路是否正常。

6. 故障文件 F 文件分析

拷贝机组故障文件，由 F 文件可以看出机组在故障时刻 1 号变桨逆变器 AC2 报出了故障代码 82，如图 2.2.4 所示。查看 AC2 故障代码解释表（本项目附录 1）可找到 82 号故障代码对应的故障解释为"编码器数据读取故障"（AC2 故障代码解释可作为故障分析的参考，不能完全说明故障点所在）。

pitch					
pitch converter					
pitchV ac2 motor frequency 1	0	pitchV ac2 motor frequency 2	-4460	pitchV ac2 motor frequency 3	-4543
pitchV ac2 state word 1	50270	pitchV ac2 state word 2	50269	pitchV ac2 state word 3	50269
pitchV ac2 motor temp 1	0	pitchV ac2 motor temp 2	0	pitchV ac2 motor temp 3	0
pitchV ac2 alarm flag 1	3	pitchV ac2 alarm flag 2	0	pitchV ac2 alarm flag 3	0
pitchV ac2 alarm code 1	82	pitchV ac2 alarm code 2	0	pitchV ac2 alarm code 3	0
pitchV ac2 display alarm code 1	82	pitchV ac2 display alarm code 2	0	pitchV ac2 display alarm code 3	0
pitchV ac2 motor voltage 1	0	pitchV ac2 motor voltage 2	43	pitchV ac2 motor voltage 3	43
pitchV ac2 ac2 temp 1	37	pitchV ac2 ac2 temp 2	37	pitchV ac2 ac2 temp 3	37
pitchV ac2 motor current 1	0	pitchV ac2 motor current 2	18	pitchV ac2 motor current 3	16
pitchV ac2 can state 1	3	pitchV ac2 can state 2	3	pitchV ac2 can state 3	3

图 2.2.4　逆变器 AC2 故障代码

由故障文件 F 文件可以看出机组在故障时刻 1 号叶片桨叶角度与 2 号、3 号叶片相差约 1.5°，变桨速度接近 0，与 2 号、3 号叶片变桨速度不同步，如图 2.2.5、图 2.2.6 所示。

pitch position					
pitchV in 5 position sensor 1	off	pitchV in 5 position sensor 2	off	pitchV in 5 position sensor 3	off
pitchV in 87 position sensor 1	off	pitchV in 87 position sensor 2	off	pitchV in 87 position sensor 3	off
pitchV in end switch 1		pitchV in end switch 2		pitchV in end switch 3	
ptichV blade position 1	32.47 deg	ptichV blade position 2	33.99 deg	ptichV blade position 3	34.00 deg

图 2.2.5　变桨角度

pitch speed					
ptichV speed momentary blade 1	0.08 deg/s	ptichV speed momentary blade 2	4.01 deg/s	ptichV speed momentary blade 3	4.04 deg/s
ptichV control motor speed setpoint 1	4.47 deg/s	ptichV control motor speed setpoint 2	4.08 deg/s	ptichV control motor speed setpoint 3	4.08 deg/s

图 2.2.6　变桨速度

7. 故障文件 B 文件分析

通过故障文件 B 文件能够分析机组在故障前 90s 至故障后 30s 机组主要状态参数的变化曲线。由 B 文件可以看出：

1）机组报出故障之后，2 号叶片与 3 号叶片立即停机顺桨，而 1 号叶片停滞了将近 8s 之后才开始收桨，如图 2.2.7 所示。

2）机组报出故障之前，1 号叶片的超级电容电压出现了 5V 左右的波动，2 号与 3 号叶片的电容电压比较稳定，如图 2.2.8 所示。

项目2　叶轮系统故障处理

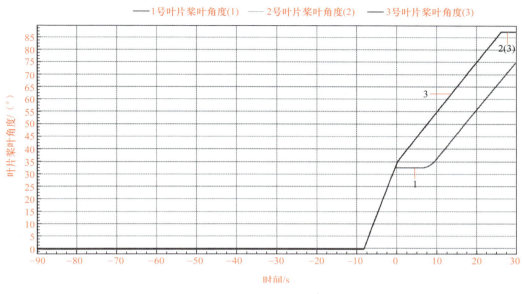

图 2.2.7　叶片桨叶角度变化曲线

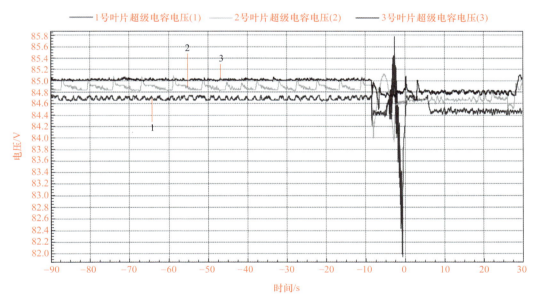

图 2.2.8　超级电容电压变化曲线

3）1号叶片的变桨逆变器 AC2 在故障时刻之后出现 OK 信号丢失，OK 信号每一个周期有 4 个脉冲，如图 2.2.9 所示。

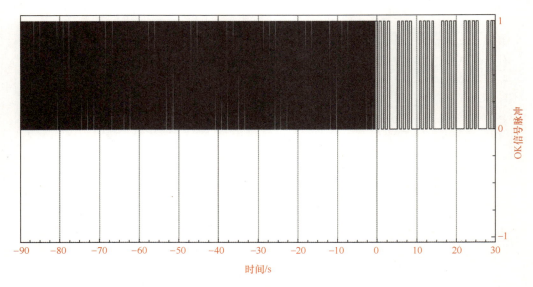

图 2.2.9 变桨逆变器 OK 信号

8. 故障分析结论

结合前文的故障表现和故障分析,对可能的故障原因逐一进行分析,见表 2.2.2。

表 2.2.2 故障原因分析

序号	问题表现	原因分析	依据
1	AC2 报出故障代码 82	1)旋转编码器、旋转编码器连接线(以下简称旋编线)、KL5001 模块存在线路虚接 2)AC2 的端口 D(编码器接口)存在异常	AC2 故障代码解释表中 82 号故障代码的故障解释为"编码器数据读取故障"
2	机组报出故障之后,1 号叶片停滞了将近 8s 之后才开始收桨	1)电磁刹车控制回路异常,包括电磁刹车继电器、线路虚接问题 2)AC2 内部故障,导致 AC2 没有驱动电流输出	变桨系统电气原理图
3	1 号叶片的超级电容电压出现了 5V 左右的波动	1)超级电容损坏 2)线路虚接	B 文件电容电压变化曲线
4	1 号叶片的变桨逆变器 AC2 在故障时刻之后出现 OK 信号丢失,OK 信号每一个周期有 4 个脉冲	VACC 故障(AC2 校正错误)	AC2 故障脉冲解释表(见本项目附录 2)
5	故障能通过复位操作消除,运行几个小时之后再次报出	1)AC2 自身内部电路异常 2)1 号变桨柜 24V 电源供电异常	变桨系统电气原理图

2.2.3 故障排查方案制订

1. 故障排查方案制订

根据故障原因分析,制订故障排查方案如下:

项目 2　叶轮系统故障处理

1）排查 1 号叶片旋转编码器、KL5001 模块是否损坏，如损坏需更换；检查旋编线有无损坏或者虚接。

2）测试 1 号叶片的电磁刹车控制功能是否正常，可通过手动变桨测试，观察电磁刹车是否能够正常动作；检查电磁刹车控制回路有无线路虚接。

3）检查 AC2 外围线路连接是否存在虚接。

4）测量超级电容组各个单电容模块的电压，检查各个单电容模块的电容电压是否正常。

5）测量 24V 电源模块的输入与输出电压是否异常。

6）对 1 号叶片进行手动变桨与自动变桨测试，变桨过程中观察变桨速度是否在正常范围内。

2. 工器具准备

根据故障排查方案准备故障排查所需的工器具，见表 2.2.3。

表 2.2.3　工器具清单

序号	工器具名称	数量	序号	工器具名称	数量
1	万用表	1 个	6	斜口钳	1 把
2	活动扳手	1 个	7	28 件套套筒扳手	1 套
3	内六角扳手	1 套	8	绝缘手套	1 副
4	螺丝刀	1 套	9	工具包	1 个
5	尖嘴钳	1 把	10	绝缘胶带	1 卷

3. 备件准备

根据故障排查方案准备所需的备件，见表 2.2.4。

表 2.2.4　备件清单

序号	备件名称	数量	序号	备件名称	数量
1	变桨逆变器 AC2	1 个	4	KL5001 模块	1 个
2	超级电容模块	1 组	5	旋编线	1 套
3	旋转编码器	1 个	6	A10 模块	1 个

4. 危险源分析

结合现场工作实际，对危险源进行分析，并制订相应的预防控制措施，见表 2.2.5。

表 2.2.5　危险源分析及预防控制措施

序号	危险源	预防控制措施
1	高处坠落	进入现场，工作人员穿好工作服及劳保鞋，戴好安全帽。开始攀爬扶梯前检查并穿好安全衣，检查助爬器控制盒及钢丝绳，攀爬前进行试坠。每到一层平台应盖好盖板，上到偏航平台先挂好双钩再摘止跌扣

续表

序号	危险源	预防控制措施
2	触电	电气作业必须断电、验电,确认无电后作业。在电容、电感及 AC2、NG5 上的作业还应在停电后进行充分放电,测量无电后操作
3	机械伤害	进入叶轮必须锁定好机械锁。变桨和偏航时,严禁未得到其他人的同意即操作,变桨、偏航时人员应离开旋转部位
4	物体打击	现场人员必须戴好安全帽,禁止抛接工具、抛洒杂物。地面作业人员必须远离提升机作业范围,严禁人员从提升机下通过、逗留。工具应放在工具包内,携带工具的人员应先下后上。攀爬塔筒时,及时关闭塔筒门。严禁多人在同一节塔筒内攀爬
5	精神不佳	严禁工作人员在精神不佳的状态下作业

2.2.4 排查故障点

1. 排查过程

根据制订的故障排查方案进行故障排查:

1)远程复位,运行一段时间后故障再次报出,说明不是机组误报故障。

2)塔底复位,运行一段时间后故障再次报出,说明存在器件损坏或者线路异常,需要维护人员登机检查故障点。

3)对1号叶片进行手动变桨与自动变桨测试,变桨过程中观察变桨速度在正常范围之内。

4)检查旋编线有无损坏或虚接。替换1号叶片旋转编码器,故障未消除;替换1号叶片 KL5001 模块,故障仍未消除。

5)进行手动变桨测试,测试1号叶片的电磁刹车控制功能正常,检查电磁刹车控制回路无线路虚接。

6)检查 AC2 外围线路,不存在虚接。

7)对超级电容组的各个单电容模块进行电压测量,3号电容模块电压为 13.8V,其余5个电容模块电压均在 16V 左右。

8)测量 24V 电源模块的输入与输出电压正常。

2. 排查结论

综合上述排查过程,基本推断故障为3号超级电容模块损坏,导致电容组在机组运行过程中发生较大的电压波动,AC2 逆变器检测到输入直流母线电压低,报出故障。

本次机组报出变桨逆变器 OK 信号丢失故障的根本原因为超级电容模块损坏,具体表现为超级电容电压出现 5V 左右的波动,故障点相对比较隐秘,并且由于机组通过复位能够消除故障并正常启动,导致故障排查比较困难。结合现场情况,在报出变桨逆变器 OK 信号丢失故障,并且 AC2 报出的故障代码为 82 时,分析故障原因时应重点关注超级电容电压的变化,排查时对各个超级电容电压进行认真测量,检查超级电容保险块是否异常。

2.2.5 更换故障元器件

1)进入轮毂前必须断开变桨动力电源开关 101F8,更换超级电容之前用万用表测量超级电容电压,当超级电容模块电压小于 1.2V DC 时才可以进行更换,当电压不满足要求时可通过大功率电阻放电。

2)断开机舱控制柜内的变桨 400V 动力电源开关。

3)通过来回变桨或者使用放电工装对 1 号叶片变桨超级电容组进行放电,超级电容电压低于 1.2V DC 时结束放电操作。

4)拆卸 3 号超级电容模块。用 13 号套筒拆除固定变桨柜电气安装板的四个 M8 外六角紧固螺母;用 16 号套筒拆除超级电容正负极上的导线及超级电容熔断器,剪掉超级电容上的绑线扎带;用 5 号内六角扳手拆除固定超级电容的螺钉;将拆除完导线的超级电容取出。

5)安装新的超级电容模块。用 5 号内六角扳手将超级电容固定好;安装超级电容正负极导线,红色一端为正极,黑色一端为负极,然后用扎带把电缆固定好;将平垫片、弹性垫片放在螺栓上,用套筒把四个 M8 外六角螺母紧固好。超级电容模块安装完毕后,将变桨盖板装好。

6)收拾工具,将轮毂内的工具清点好,清除异物。

7)变桨上电,闭合变桨动力电源开关 101F8。

2.2.6 故障处理结果

完成故障元器件更换之后,进行手动与自动变桨测试,同时观察 1 号叶片超级电容电压,没有出现明显的电压波动现象;手动生成 B 文件,1 号叶片超级电容的电压稳定在 84V,如图 2.2.10 所示。

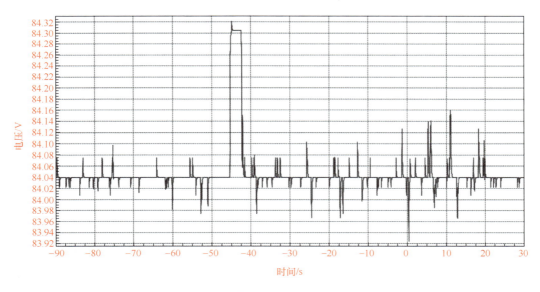

图 2.2.10 故障处理后超级电容电压

完成变桨测试之后,对机组进行并网运行测试,机组正常启动运行,通过网页监控观察超级电容电压值稳定。

参考资料:

[1]《金风 2.0MW 机组主控系统故障解释手册》.

[2]《金风 2.0&2.5MW 风力发电机组变桨 AC2 故障处理说明》.

任务 2.3　变桨位置比较偏差大故障处理

2.3.1　故障信息

某项目 30 号机组报出变桨位置比较偏差大故障,查看机组网页监控故障界面,显示故障为变桨位置比较偏差大,故障代码为 217,附加 95 号变桨安全链触发,如图 2.3.1 所示。在网页监控变桨信息部分可以看到,机组 3 号叶片在故障后未正常顺桨,仍处在 21.61° 附近,而其余两支叶片正常顺桨在 87° 附近。

	Active error list		
ErrActiveCode1	217#Error pitch position comparing	ErrActiveTime1	2019-03-27-03:07:29.400
ErrActiveCode2	null	ErrActiveTime2	null
ErrActiveCode3	null	ErrActiveTime3	null
ErrActiveCode4	null	ErrActiveTime4	null
ErrActiveCode5	null	ErrActiveTime5	null

图 2.3.1　故障界面

2.3.2　故障原因分析

在进行故障分析之前需要准备相应的参考资料,包括金风 2.0MW 机组电气原理图、《金风 2.0MW&2.XMW 机组主控系统故障解释手册》、主控故障文件(B 文件和 F 文件)。

1. 故障释义

以金风 2.0MW 机组为例,变桨位置比较偏差大故障的故障代码、故障名称及故障触发条件见表 2.3.1。

表 2.3.1　故障代码、名称及触发条件

故障代码	故障名称	故障触发条件
217	变桨位置比较偏差大	三支叶片中任意两支叶片位置的差值最大值的绝对值持续 40ms 大于等于 3.5°

2. 变桨系统工作原理

金风 2.0MW 机组变桨系统采用的是 Vensys 变桨控制系统,系统根据风力发电机组启动、变桨、停机、维护等工作状态要求,按照主控 PLC 通过 Profibus-DP 总线发送的桨距角调节指令将三支叶片桨距角同步调节至所需的位置,同时向主控 PLC 发送相关状态信息及运行参数。

变桨系统通过改变风机的桨叶角度调节风力发电机的功率,以适应随时变化的风速,保证风力发电机组的稳定运行。变桨系统还是风力发电机组的主刹车系统,负责实现风力发电机组的气动停车功能,并在紧急状态下实现急停顺桨功能,保障风力发电机组的

安全。

变桨系统接收风力发电机组主控系统的指令，实现对风机叶片角度位置的同步调节。风机运行在额定风速以下时，三个桨叶位置保持在0°附近，实现最大限度的风能捕获，保证空气动力效率；达到及超过额定风速时，变桨系统根据主控系统的指令同步调节三支叶片的角度，保证机组的输出功率。在超过安全风速或紧急情况下，变桨系统控制桨叶旋转至安全位置，实现急停顺桨功能，保证风力发电机组的安全。急停顺桨状态下，变桨系统是在风力发电机组的主控系统之外独立工作的，这样可以避免因风力发电机组的主控系统停止工作或出现异常而不能急停顺桨。

3. 变桨系统的拓扑结构

变桨系统由三个变桨控制柜组成，每一个变桨控制柜配置一台变桨电动机，用来控制一个桨叶的角度。控制柜主电路采用交流—直流—交流回路，由逆变器（AC2）为变桨电动机供电。变桨系统的拓扑结构如图2.3.2所示。变桨控制柜通过安装在变桨电动机尾部的旋转编码器检测叶片所在的角度。安装在桨叶87°、5°位置的接近开关提供了附加的位置检测功能，安装在桨叶92°位置的限位开关提供了在位置检测失效情况下的安全保护功能。

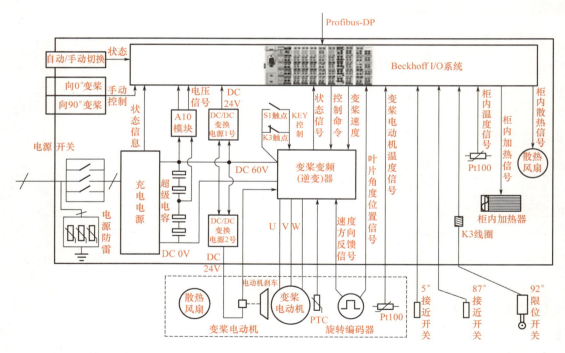

图2.3.2　变桨系统的拓扑结构

4. 变桨PLC控制部分

PLC系统采用"三站式"控制模式，即系统由三个独立的PLC控制单元组成，分别实现对每个叶片的变桨控制。PLC 的作用是接收主控系统发出的指令，并向主控系统发送变桨系统的状态及故障信息。当 PLC 接收到主控系统的指令后，向变桨电动机驱动器发出控制信号，驱动变桨电动机动作。其中，KL4001 模拟量输出端子可输出直流 0～10V 的信号用于变桨位置和速度控制，KL5001 模块主要用于旋转编码器的数据采集，采集实时变桨位置。变桨 PLC 模块如图 2.3.3 所示。

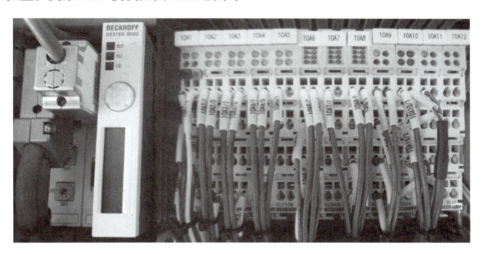

图 2.3.3　变桨 PLC 模块

5. 故障触发原因分析

根据变桨系统工作原理及故障触发条件，梳理出触发变桨位置比较偏差大故障的原因有以下几种：

1）变桨电动机本体失效，无法驱动叶片实现顺桨。

2）电动机本体不存在问题，但其供电及制动回路出现问题，导致电动机无法正常工作。

3）变桨位置采集回路异常。由于旋转编码器或 KL5001 失效，变桨位置数据跳变，触发故障。

4）变桨控制信号输出出现问题，可能为 KL4001 失效导致变桨输出信号丢失或变桨逆变器 AC2 失效，使变桨电动机无法正常工作。

6. 故障文件分析

针对以上几种可能的情形，需进一步分析故障文件，缩小故障范围。

（1）故障文件 F 文件分析

F 文件记录的是故障时刻的部分机组数据。由 F 文件可以看出故障时刻 3 号叶片变桨逆变器 AC2 报出故障字 244，且变桨逆变器 AC2 驱动电压、电流相对于另外两叶片明显偏高，如图 2.3.4 所示。在 AC2 故障代码解释表中查找到故障代码 244 对应的故障解释为变桨电动机堵转。

pitch							
pitch converter							
pitchV_ac2_motor_frequency_1	510	pitchV_ac2_motor_frequency_2	504	pitchV_ac2_motor_frequency_3	0		
pitchV_ac2_state_word_1	50269	pitchV_ac2_state_word_2	50269	pitchV_ac2_state_word_3	50269		
pitchV_ac2_motor_temp_1	176	pitchV_ac2_motor_temp_2	176	pitchV_ac2_motor_temp_3	176		
pitchV_ac2_alarm_flag_1	0	pitchV_ac2_alarm_flag_2	0	pitchV_ac2_alarm_flag_3	9		
pitchV_ac2_alarm_code_1	0	pitchV_ac2_alarm_code_2	0	pitchV_ac2_alarm_code_3	244		
pitchV_ac2_display_alarm_code_1	0	pitchV_ac2_display_alarm_code_2	0	pitchV_ac2_display_alarm_code_3	244		
pitchV_ac2_motor_voltage_1	28	pitchV_ac2_motor_voltage_2	29	pitchV_ac2_motor_voltage_3	40		
pitchV_ac2_temp_1	23	pitchV_ac2_temp_2	25	pitchV_ac2_temp_3	27		
pitchV_ac2_motor_current_1	17	pitchV_ac2_motor_current_2	16	pitchV_ac2_motor_current_3	70		
pitchV_ac2_can_state_1	3	pitchV_ac2_can_state_2	3	pitchV_ac2_can_state_3	3		

图 2.3.4　故障时刻变桨逆变器数据

从图 2.3.5 中可以看出故障时刻 3 号叶片变桨位置在 21.61°，另外两叶片变桨位置在 18° 附近。从图 2.3.6 中可以看出 3 号叶片故障时刻变桨速度为 0°/s，而变桨控制给定速度为 −1.34°/s。结合图 2.3.5 和图 2.3.6 中的数据能够看出，故障时刻 1 号和 2 号叶片正在向 0° 方向变桨，而 3 号叶片静止不动（速度为 0°/s），但控制命令是向 0° 方向变桨。

pitch position						
pitchV_in_5_position_sensor_1	off	pitchV_in_5_position_sensor_2	off	pitchV_in_5_position_sensor_3	off	
pitchV_in_87_position_sensor_1	off	pitchV_in_87_position_sensor_2	off	pitchV_in_87_position_sensor_3	off	
pitchV_in_end_switch_1		pitchV_in_end_switch_2		pitchV_in_end_switch_3		
pitchV_blade_position_1	18.59 deg	pitchV_blade_position_2	18.75 deg	pitchV_blade_position_3	21.61 deg	

图 2.3.5　故障时刻变桨位置

pitch speed					
pitchV_speed_momentary_blade_1	−0.47 deg/s	pitchV_speed_momentary_blade_2	−0.47 deg/s	pitchV_speed_momentary_blade_3	0.00 deg/s
pitchV_control_motor_speed_setpoint_1	−0.44 deg/s	pitchV_control_motor_speed_setpoint_2	−0.48 deg/s	pitchV_control_motor_speed_setpoint_3	−1.34 deg/s

图 2.3.6　故障时刻变桨速度

从图 2.3.7 所示变桨系统各模块温度监测数据来看，故障时刻 3 号叶片变桨电动机温度是三支叶片中最高的，但不是明显升高，不足以佐证电动机堵转，还需要连续温升的曲线及叶片位置变化数据。

pitch temp					
pitchV_motor_temperature_1	32.70 C	pitchV_motor_temperature_2	31.50 C	pitchV_motor_temperature_3	33.90 C
pitchV_capacitor_temperature_1	22.30 C	pitchV_capacitor_temperature_2	22.40 C	pitchV_capacitor_temperature_3	22.80 C
pitchV_cabinet_temperature_1	27.90 C	pitchV_cabinet_temperature_2	28.30 C	pitchV_cabinet_temperature_3	28.40 C
pitchV_converter_temperature_1	18.50 C	pitchV_converter_temperature_2	18.30 C	pitchV_converter_temperature_3	18.50 C

图 2.3.7　故障时刻变桨系统各模块温度

（2）故障文件 B 文件分析

金风 2.0MW 机组故障文件 B 文件记录的是故障前 90s、故障后 30s 的相关数据，由 B 文件可以看到采集数据的相关模拟量变化曲线及数字量信号的变化，有助于深入分析故障的原因。

从图 2.3.8 中的变桨位置曲线可以直观地看出故障发生是由于叶片在向 0° 方向变桨时，3 号叶片变桨位置在故障前约 9s 卡桨，在故障前 40ms 时另外两支叶片与 3 号叶片位置差值大于等于 3.5°。从图 2.3.9 中的变桨瞬时速度也可以看出变桨位置速度变化连续，不存在数据跳变情况。

项目 2　叶轮系统故障处理

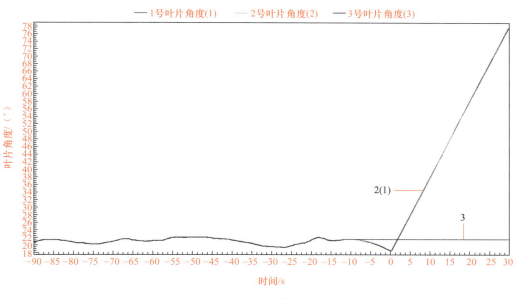

图 2.3.8　叶片变桨位置（B 文件）

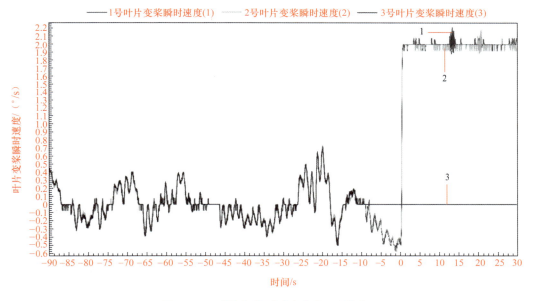

图 2.3.9　叶片变桨瞬时速度（B 文件）

同一时间 3 号叶片变桨电动机温度在故障前 5s 开始明显升高，温度曲线斜率急剧增大，如图 2.3.10 所示，表明变桨电动机内部存在异常，但也表明电动机供电正常、变桨控制信号输出正常。在故障前 2s 内变桨逆变器 OK 信号丢失故障字显示为 244，如图 2.3.11、图 2.3.12 所示。

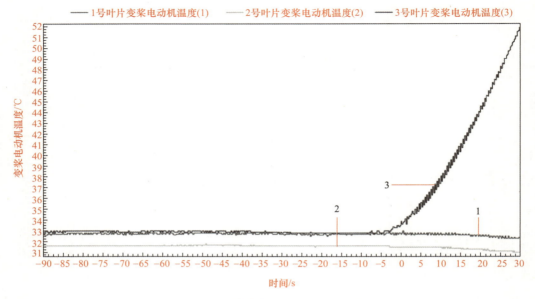

图 2.3.10　变桨电动机温度变化曲线

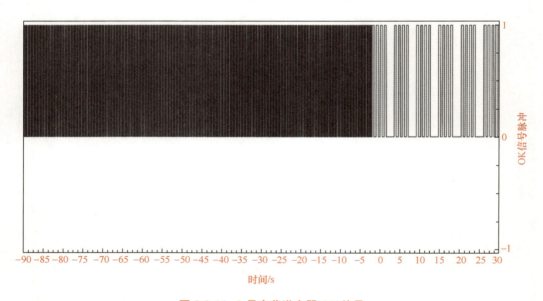

图 2.3.11　3号变桨逆变器 OK 信号

综上，可以将故障锁定到变桨电动机堵转，排除了变桨电动机供电问题、变桨控制信号输出异常、电动机本体失效及变桨位置采集回路异常问题导致的变桨位置比较偏差大。造成变桨电动机堵转的原因只剩下变桨电动机制动回路出现问题，可根据变桨电气原理图进一步分析，如图 2.3.13、图 2.3.14 所示。

项目 2　叶轮系统故障处理

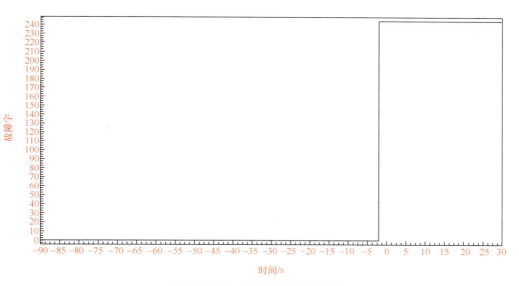

图 2.3.12　3 号变桨逆变器故障字

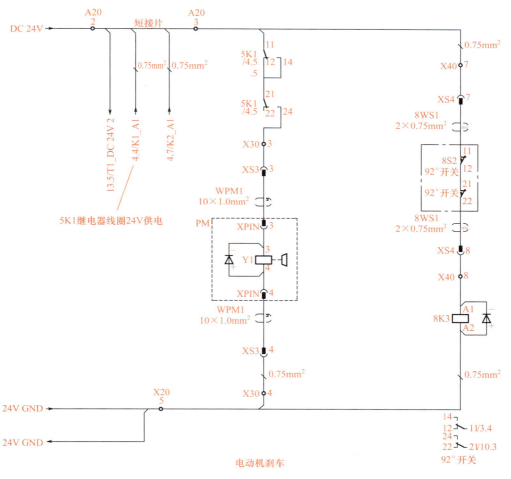

图 2.3.13　变桨电动机制动回路

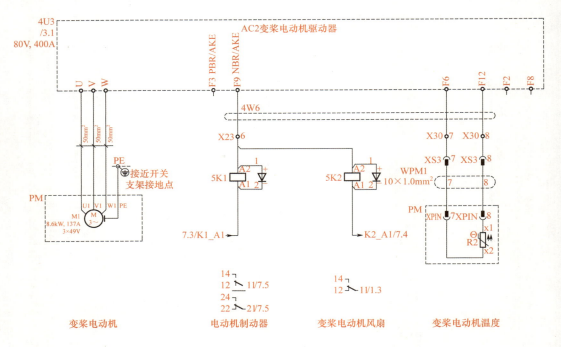

图 2.3.14 5K1 控制回路

分析得出有以下几种情形造成变桨电动机制动异常：

1）变桨电动机制动回路异常，回路存在虚接或断路。

2）电动机电磁刹车失效，无法正常松闸，造成电动机堵转。

3）5K1 继电器供电回路异常，由于回路存在虚接或断路，或 AC2 的 F9 端口异常，持续高电平造成电动机堵转。

4）5K1 继电器失效，其触点无法动作，变桨电磁刹车无法松闸，造成电动机堵转。

2.3.3 故障排查方案制订及工器具准备

1. 故障排查方案

根据故障原因分析，制订故障排查方案如下：

1）排查电动机制动回路接线是否牢固，可以用万用表逐一测量回路各接线两端是否导通，特别注意哈丁头是否存在连接松动情况。

2）检查变桨电动机电磁刹车，可通过手动变桨听是否有明显松闸的声音。

3）检查控制电磁刹车继电器 5K1 的 24V DC 供电回路是否存在虚接或者断路情况，用万用表测量继电器 A1 口是否有 24V DC 供电，手动变桨的同时测量变桨逆变器 AC2 的 F9 端口是否为低电平。

4）手动变桨，同时测量继电器 5K1 的 11、14、21、24 端口是否有 24V DC。

2. 工器具准备

根据故障排查方案准备故障排查所需的工器具，见表2.3.2。

表 2.3.2　工器具清单

序号	工器具名称	数量	序号	工器具名称	数量
1	万用表	1个	6	斜口钳	1把
2	活动扳手	1个	7	28件套套筒扳手	1套
3	内六角扳手	1套	8	绝缘手套	1副
4	螺丝刀	1套	9	工具包	1个
5	尖嘴钳	1把	10	绝缘胶带	1卷

3. 备件准备

根据故障排查方案准备所需的备件，见表2.3.3。

表 2.3.3　备件清单

序号	备件名称	数量
1	5K1	1个
2	变桨电动机电磁刹车	1个
3	变桨逆变器 AC2	1个

4. 危险源分析

结合现场工作实际，对危险源进行分析，并制订相应的预防控制措施，见表2.3.4。

表 2.3.4　危险源分析及预防控制措施

序号	危险源	预防控制措施
1	高处坠落	进入现场，工作人员穿好工作服及劳保鞋，戴好安全帽。开始攀爬前检查并穿好安全衣，检查助爬器控制盒及钢丝绳，攀爬前进行试坠。每到一层平台应盖好盖板，上到偏航平台先挂好双钩再摘止跌扣
2	触电	电气作业必须断电、验电，确认无电后作业。在电容、电感及AC2、NG5上的作业还应在停电后进行充分放电，测量无电后操作
3	机械伤害	进入叶轮必须锁定好机械锁。变桨和偏航时，严禁未得到其他人的同意即操作，变桨、偏航时人员应离开旋转部位
4	物体打击	现场人员必须戴好安全帽，禁止抛接工具、抛洒杂物。地面作业人员必须远离提升机作业范围，严禁人员从提升机下通过或逗留。工具应放在工具包内，携带工具的人员应先下后上。攀爬塔筒时，及时关闭塔筒门。严禁多人在同一节塔筒内攀爬
5	精神不佳	严禁工作人员在精神不佳的状态下作业

2.3.4 排查故障点

1. 排查过程

根据制订的故障排查方案进行故障排查：

1）塔底复位，故障未消除，3号叶片仍无法正常收回。

2）塔底主控柜切换至维护状态，锁定叶轮进入轮毂，将3号变桨柜断电，检查电动机制动回路，接线无虚接，哈丁头连接点无松动，未出现插针退针情况。用万用表测量接线回路，各节点未发现断线情况，排除制动回路接线异常。

3）手动变桨，未听到明显的电磁刹车松闸声音，暂时无法排除电磁刹车失效问题。排查电磁刹车供电回路，手动变桨，同时测量X30端子3号端口，无24V DC，表明电磁刹车未供电。

4）检查控制电磁刹车继电器5K1的24V DC供电回路，用万用表测量继电器A1口有24V DC供电；手动变桨，同时测量变桨逆变器AC2的F9端口为低电平，存在电势差，继电器线圈可以正常动作。

5）继续手动变桨，测量继电器5K1的11、14、21、24号端口，发现11、14和21号端口有24V DC，而24号端口无24V DC输出，电压为0；断电并进一步测量，手动触发继电器使触点闭合，测量21、24号端口不导通。

2. 排查结论

综合上述排查过程，结果显而易见，即继电器5K1的触点21、24不导通，继电器线圈得电后，其常开触点21、24本应闭合，但触点21、24未闭合，表明5K1继电器失效，导致在机组运行过程中3号电磁刹车未得电，无法松闸，电动机堵转，与另外两支叶片的位置偏差达到故障阈值，报出变桨位置比较偏差大故障。结合现场情况，在报出位置比较偏差大、叶片无法正常顺桨故障，且短时间内变桨电动机温度急剧升高时，需重点关注电磁刹车供电回路是否正常供电。

2.3.5 更换故障元器件

1）将3号变桨柜2Q1断开。

2）将失效的5K1继电器拔出，更换新的继电器。

3）将失效的继电器做好坏件标识，清点工具，放入工具包，清除异物。

4）将3号变桨柜上电，闭合2Q1。

2.3.6 故障处理结果

完成故障元器件更换后手动变桨，电磁刹车可正常松闸，3号叶片可正常向前向后变桨；通过网页监控观察电动机温度平稳，未见短时间内明显升高；将叶片手动变桨到70°附近，将手动模式切换为自动变桨模式，叶片可正常顺桨到87°。

参考资料：

[1]《金风2.0MW&2.XMW机组主控系统故障解释手册》.

[2]《金风2.0&2.5MW风力发电机组变桨AC2故障处理说明》.

任务 2.4　变桨充电器反馈丢失故障处理

2.4.1　故障信息

某项目 62 号机组报出变桨充电器反馈丢失故障，查看机组网页监控故障界面，显示故障为 3 号变桨充电器反馈丢失，故障代码为 177（图 2.4.1）。叶片全部正常顺桨。

Active error list			
ErrActiveCode1	177#Error 3# pitch power supply feedback signal loss	ErrActiveTime1	2019-11-29-04:54:32.692
ErrActiveCode2	null	ErrActiveTime2	null
ErrActiveCode3	null	ErrActiveTime3	null
ErrActiveCode4	null	ErrActiveTime4	null
ErrActiveCode5	null	ErrActiveTime5	null

图 2.4.1　F 文件显示的故障列表

2.4.2　故障原因分析

在进行故障分析之前需要准备相应的参考资料，包括金风 2.0MW 机组电气原理图《金风 2.0MW&2.XMW 机组主控系统故障解释手册》、主控故障文件（B 文件和 F 文件）。

1. 故障释义

以金风 2.0MW 机组为例，变桨充电器反馈丢失故障的故障代码、故障名称及故障触发条件见表 2.4.1。

表 2.4.1　故障代码、名称及触发条件

故障代码	故障名称	故障触发条件
175	1 号变桨充电器反馈丢失	非低穿（低电压穿越）状态下，1 号变桨充电器持续 3s 无反馈信号
176	2 号变桨充电器反馈丢失	非低穿状态下，2 号变桨充电器持续 3s 无反馈信号
177	3 号变桨充电器反馈丢失	非低穿状态下，3 号变桨充电器持续 3s 无反馈信号

2. 变桨充电器工作原理

金风 2.0MW 机组的变桨控制柜主供电回路采用交流—直流—交流回路，其中交流转直流部分由充电器实现，它的作用是将 400V 交流电源转换成 85V 直流电源，为变桨电动机驱动器及超级电容提供能量，如图 2.4.2 所示。超级电容和变桨电动机驱动器 AC2 并联于充电器输出端。充电器工作方式为连续充电，系统一上电，充电器就以连续供电的方式为超级电容、变桨电动机驱动器供电。

项目 2　叶轮系统故障处理

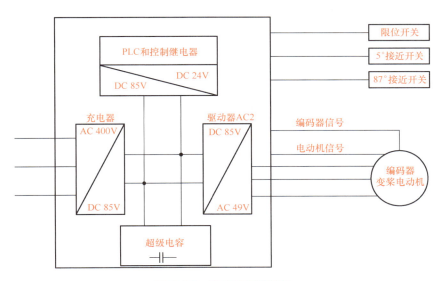

图 2.4.2　变桨柜拓扑结构

变桨充电器实物如图 2.4.3 所示，工作原理如图 2.4.4 所示，内部主回路先经过 AC/DC 变换部分，再经过 DC/DC 变换部分，输出所需的直流电压。内部控制逻辑做整体监测和控制，具备自身故障检测功能。

图 2.4.3　变桨充电器

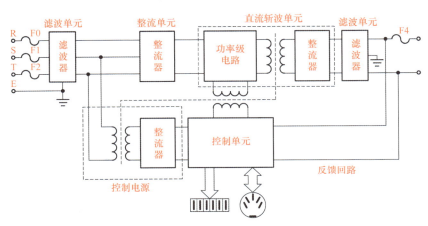

图 2.4.4　变桨充电器工作原理

31

充电器的通信接口及电气接线图如图 2.4.5、图 2.4.6 所示。

图 2.4.5　通信接口

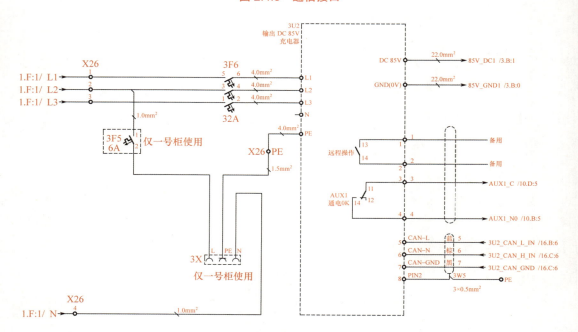

图 2.4.6　充电器电气接线图

通信接口 P1（1）和 P2（2）为充电器启/停控制信号接口，两个端子间短接时充电器处于工作状态，端子间断开时充电器处于停止状态。在充电器内外部各设置一个单联拨码开关，用于控制端子的短接与断开，实现远程控制充电器的启停，当开关置于闭合位置时控制端子被短接，当开关处于断开位置时控制信号通过端子输入。

通信接口 P3（AUX1）和 P4（AUX2）为充电器状态反馈信号接口，通过一个继电器反馈充电器状态。当充电器上电后该触点立即闭合，充电器正常工作；当充电器输入侧出现过压、欠压、缺相、三相掉电故障时该触点仍保持闭合，只有上述故障持续 4s 后该触点才断开。当充电器出现除上述的其他故障时，该触点直接断开。

充电器设置有通信控制信号 CAN_L(P5)、CAN_H(P6)，主要作用是定时向上位机或 PLC 传输充电器的状态信息和运行数据。

充电器设计了两种通信接口 RS232 和 CANopen。RS232 接口的主要作用是接收上位机对充电器的参数设置和反馈信息，CANopen 接口主要用于向上位机传输充电器内部的故障信息及相关的状态信息。

3. 故障触发原因分析

根据充电器的工作原理及故障触发条件，可以初步梳理出触发变桨充电器反馈丢失故障的原因有以下几种：

1）充电器 OK 信号检测回路存在问题。

2）充电器供电回路存在问题，充电器输入侧出现过压、欠压、缺相、三相掉电，使充电器无法正常工作，导致内部继电器无法得电并正常反馈 OK 信号。

3）充电器内部检测到故障，内部继电器无法得电并正常反馈 OK 信号。

4）充电器内用于充电器状态反馈的继电器失效。

5）充电器损毁失效，内部出现短路或者控制或检测电路失效。

4. 故障文件分析

针对以上推测的几种情况，还需进一步分析故障文件，缩小故障范围。

（1）故障文件 F 文件分析

由 F 文件可以看到在故障时刻机组还触发了轮毂测控子站总线异常的警告，如图 2.4.7 所示，查阅《金风 2.0MW&2.XMW 机组主控系统故障解释手册》可知此故障的触发条件为：非低穿状态下，80 号（轮毂测控柜）子站总线状态字不为 0，如图 2.4.8 所示。

Warning History list			
WarnHisCode1	3126#Error profibus node 80# fault(lubricating cabinet)	WarnHisTime1	2019-11-29-04:54:29.091

图 2.4.7　F 文件故障时刻警告

轮毂测控子站总线异常					error_profi_node_80_diag					
故障使能	不激活字	设置不激活字	容错类型	故障值	极限值	故障值延时时间	容错时间	极限频次	容错时间 2	极限频次 2
TRUE	0	2048	1	1.000	1.000	t#220ms	t#48h	0	t#0ms	0
允许自复位次数	复位值	复位时间	允许远程复位次数	长周期允许远程复位次数	长周期统计时间	警告停机等级	故障停机等级	启动等级	偏航等级	预留
0	0.00	t#2.5m	0	0	t#168h	0	4	1	0	TRUE
故障触发条件										
非低穿状态下，80 号（轮毂测控柜）子站总线状态字不为 0										
Error Name										
Error_profibus_node_80# fault(lubricating cabinet)										

图 2.4.8　轮毂测控子站总线异常故障解释

继续查看 F 文件，可知在故障时刻三支叶片变桨数据未见明显差异，如图 2.4.9 所示，还需进一步分析 B 文件确定故障原因。

（2）故障文件 B 文件分析

查看三支叶片变桨位置曲线，可知叶片正常顺桨，未见异常，如图 2.4.10 所示。查看超级电容高、中电压曲线也未见异常，如图 2.4.11 所示。

pitch position					
pitchV_in_5_position_sensor_1	off	pitchV_in_5_position_sensor_2	off	pitchV_in_5_position_sensor_3	off
pitchV_in_87_position_sensor_1	off	pitchV_in_87_position_sensor_2	off	pitchV_in_87_position_sensor_3	off
pitchV_in_end_switch_1		pitchV_in_end_switch_2		pitchV_in_end_switch_3	
pitchV_blade_position_1	5.64 deg	pitchV_blade_position_2	5.55 deg	pitchV_blade_position_3	5.64 deg
pitch power supply					
pitchV_goldwind_kehua_charger_current_1	259	pitchV_goldwind_kehua_charger_current_2	3	pitchV_goldwind_kehua_charger_current_3	3
pitch speed					
pitchV_speed_momentary_blade_1	2.00 deg/s	pitchV_speed_momentary_blade_2	1.96 deg/s	pitchV_speed_momentary_blade_3	2.00 deg/s
pitchV_control_motor_speed_setpoint_1	2.59 deg/s	pitchV_control_motor_speed_setpoint_2	2.62 deg/s	pitchV_control_motor_speed_setpoint_3	2.59 deg/s
pitch temp					
pitchV_motor_temperature_1	23.50 C	pitchV_motor_temperature_2	23.00 C	pitchV_motor_temperature_3	22.50 C
pitchV_capacitor_temperature_1	18.30 C	pitchV_capacitor_temperature_2	18.70 C	pitchV_capacitor_temperature_3	19.30 C
pitchV_cabinet_temperature_1	24.00 C	pitchV_cabinet_temperature_2	24.40 C	pitchV_cabinet_temperature_3	24.20 C
pitchV_converter_temperature_1	14.50 C	pitchV_converter_temperature_2	14.50 C	pitchV_converter_temperature_3	14.50 C
pitch voltages					
pitchV_capacitor_voltage_hi_1	83.95 V	pitchV_capacitor_voltage_hi_2	84.04 V	pitchV_capacitor_voltage_hi_3	83.88 V
pitchV_capacitor_voltage_lo_1	27.63 V	pitchV_capacitor_voltage_lo_2	27.72 V	pitchV_capacitor_voltage_lo_3	27.90 V

图 2.4.9　F 文件故障时刻变桨部分数据

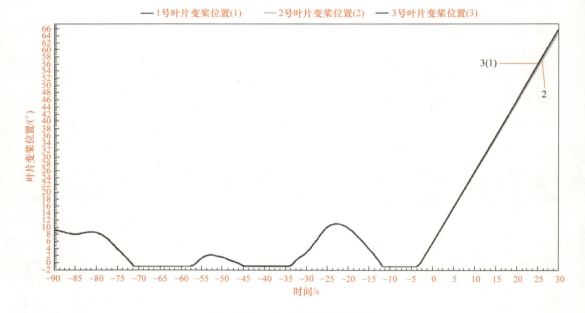

图 2.4.10　三叶片变桨位置曲线

查看充电器 OK 信号，发现三支叶片充电器 OK 信号全部丢失，放大后可以看到 3 号叶片的 OK 信号最先丢失，如图 2.4.12、图 2.4.13 所示，出现此种情况极有可能因为三支叶片先后掉电，而且是 3 号叶片引起变桨系统掉电。

综合以上故障分析，可基本排除充电器 OK 信号检测回路问题、充电器状态反馈的继电器失效及充电器检测到其他故障引起的继电器失电不动作等情形，因为这三种情形引发的变桨充电器反馈丢失故障不会导致变桨系统掉电。只剩余两种情况：

1）充电器供电回路存在问题，充电器输入侧出现过压、欠压、缺相、三相掉电，使充电器无法正常工作，导致内部继电器无法得电并正常反馈 OK 信号。

2）充电器损毁失效，内部出现短路或者控制或检测电路失效。

项目 2　叶轮系统故障处理

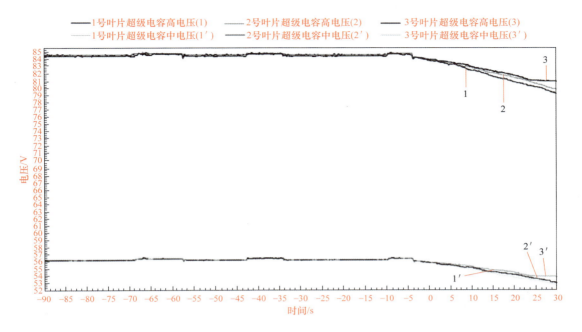

图 2.4.11　超级电容高、中电压曲线

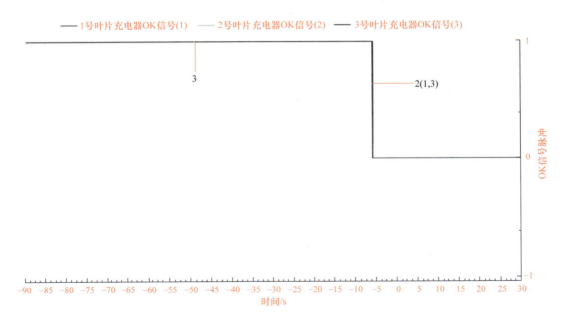

图 2.4.12　变桨充电器 OK 信号

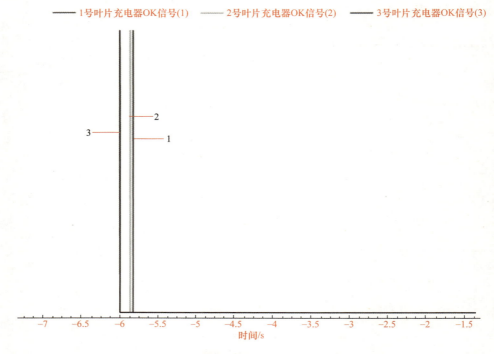

图 2.4.13 变桨充电器 OK 信号（局部放大）

2.4.3 故障排查方案制订

1. 故障排查方案

根据故障原因分析，制订故障排查方案如下：

1）检查机舱柜变桨动力电源供电开关 101F8 是否跳闸。

2）排查机舱到 3 个变桨柜 400V 供电回路是否存在虚接和损毁，如哈丁头、柜内接线端子处等。

3）检查 3 号变桨充电器供电开关 3F6 是否失效。拆下 3F6 并闭合，用万用表测量其上下端口是否可以正常导通。

4）检查 3 号变桨柜充电器外观是否有异常，如放电痕迹、部分发黑等。超级电容充分放电后，拆出充电器，用万用表测量其输入端是否三相导通、是否对地短路，测量其输出是否也对地短路、相间导通。

2. 工器具准备

根据故障排查方案准备故障排查所需的工器具，见表 2.4.2。

项目 2 叶轮系统故障处理

表 2.4.2 工器具清单

序号	工器具名称	数量	序号	工器具名称	数量
1	万用表	1 个	6	斜口钳	1 把
2	活动扳手	1 个	7	28 件套套筒扳手	1 套
3	内六角扳手	1 套	8	绝缘手套	1 副
4	螺丝刀	1 套	9	工具包	1 个
5	尖嘴钳	1 把	10	绝缘胶带	1 卷

3. 备件准备

根据故障排查方案准备所需的备件,见表 2.4.3。

表 2.4.3 备件清单

序号	备件名称	数量	序号	备件名称	数量
1	充电器	1 个	2	微型断路器 32A	1 个

4. 危险源分析

结合现场工作实际,对危险源进行分析,并制订相应的预防控制措施,见表 2.4.4。

表 2.4.4 危险源分析及预防控制措施

序号	危险源	预防控制措施
1	高处坠落	进入现场,工作人员穿好工作服及劳保鞋,戴好安全帽。开始攀爬前检查并穿好安全衣,检查助爬器控制盒及钢丝绳,攀爬前进行试坠。每到一层平台应盖好盖板,上到偏航平台先挂好双钩再摘止跌扣
2	触电	电气作业必须断电、验电,确认无电后作业。在电容、电感及 AC2、NG5 上的作业还应在停电后进行充分放电,测量无电后操作
3	机械伤害	进入叶轮必须锁定好机械锁。变桨和偏航时,严禁未得到其他人的同意即操作,变桨、偏航时人员应离开旋转部位
4	物体打击	现场人员必须戴好安全帽,禁止抛接工具、抛洒杂物。地面作业人员必须远离提升机作业范围,严禁人员从提升机下通过、逗留。工具应放在工具包内,携带工具的人员应先下后上。攀爬塔筒时,及时关闭塔筒门。严禁多人在同一节塔筒内攀爬
5	精神不佳	严禁工作人员在精神不佳的状态下作业

2.4.4 排查故障点

1. 排查过程

根据制订的故障排查方案进行故障排查:

1)塔底主控柜切换至维护状态,登机检查。打开机舱柜,发现 101F8 已跳闸,暂不做合闸上电操作。

2)锁定叶轮,将 3 个变桨柜切换到手动模式,再将 3 个变桨柜的 2Q1 切换到 OFF

状态，切断3台控制柜电源，排查机舱到3个变桨柜400V供电回路，未有虚接及明显损毁失效部分，且3个变桨柜内只有3号变桨柜的充电器供电开关跳闸。

3）用万用表测量3F6上下端口无电后，拆下3F6并闭合，用万用表通断挡测量其上下端口可以正常导通，排除3F6失效，恢复3F6。

4）观察充电器外观，发现充电器扇热网口部分发黑，有烧灼痕迹，可基本确定充电器已失效。

5）将超级电容充分放电，用万用表验电无电后，拆除失效充电器，测量其输入端，各相间均不导通，输出端也无异常。

2. 排查结论

综合上述排查过程，明显可见此次故障是由于3号变桨柜内充电器自身失效造成。结合现场情况，出现跳闸类故障时，不要急于合闸，要及时测量和观察下端负载是否失效、是否存在对地短路的情况。

2.4.5　更换故障元器件

1）将3号变桨柜2Q1断开，断开3F6。

2）将失效的充电器拆出，更换新的充电器。

3）将失效的充电器做好坏件标识，清点工具放入工具包，清除异物。

4）将3号变桨柜上电，闭合3F6，闭合2Q1。

2.4.6　故障处理结果

完成故障元器件更换后，充电器正常带电工作，指示灯未出现警告，充电器输出电压正常，机舱柜复位后故障消除；将3号叶片向前、向后变桨，变桨充电器反馈丢失故障未报出，3F6也未再次出现跳闸。

参考资料：

[1]《金风2.0MW&2.XMW机组主控系统故障解释手册》.

[2] 金风2.0MW变桨驱动器Ⅰ型电气原理图.

[3] 金风2.0MW机舱柜Ⅰ型电气原理图.

附录1 AC2 故障代码解释表

故障代码	故障名称	故障代码解释	涉及端口	故障可能原因
61	HIGH TEMPERATURE	驱动器内部过温报警	AC2 内部	1. 变桨 AC2 发生真实过温 2.AC2 自身检测温度传感器发生故障 3.AC2 内部控制板损坏
19	LOGIC FAILURE #1	内部逻辑故障(1)	F1	1. 变桨电动机的某一相与地短路，或驱动器的输出端与 BATT- 短路 2.AC2 的使能信号回路有虚接
30	VMN LOW	单相电压低	B+、B-	超级电容和充电器到 AC2 的并联输入端有虚接或断路情况
31	VMN HIGH	单相电压高	U、V、W	1. 变桨电动机的动力电缆一相或多相发生虚接、断路 2. 变桨电动机的动力线与地短路 3. 驱动器的输出端与 BATT- 短路
60	CAPACITOR CHARGE	电容器充电超时	F1	1. 超级电容电压低 2.AC2 使能回路虚接 3. 变桨柜上电过程中报出故障
38	CONTACTOR OPEN	驱动器供电线路开路	B+、B-	超级电容与 AC2 的 B+、B- 直流连接线虚接或者断开
82	ENCODE ERROR	编码器数据读取故障	D3、D5	1. 编码器损坏、旋编线缆有断路情况 2. 电动机高速运行时电磁闸突然抱死导致，检查电磁闸回路
244	MOTOR LOCKED	变桨电动机堵转	D3、D5	1. 编码器损坏、旋编线缆有断路情况 2. 电动机低速运行时电磁闸突然抱死导致，检查电磁闸回路
253	AUX OUTPUT KO	逆变器内部程序发出的信号不同于电磁闸的驱动输出	F9	1.T1 模块损坏，没有 24V 输出 2.NBRAKE 点对地短路
78	VACC NOT OK	速度给定模拟量无校准或故障	E1、E11	1.AC2 速度校验过程发生错误 2. 驱动器参数表下载错误
79	INCORRECT START	不正确的启动时序	E12、E13	手动变桨与自动变桨信号同时给定，AC2 不会报故障，运行速度以先给定的执行，撤销一个速度指令后会以另一个给定的速度继续执行
80	FORW+BACK	手动向前和手动向后变桨信号同时被触发	E12、E13	AC2 的向前、向后手动变桨接收端口有两个信号同时给定，或一个手动信号正在执行过程中，又叠加另一个信号
8	WATCHDOG	看门狗程序测试故障	AC2 内部	自身软件故障、控制逻辑类故障

续表

故障代码	故障名称	故障代码解释	涉及端口	故障可能原因
13	EEPROM KO	驱动器参数存储错误	AC2 内部	AC2 存储器 EEPROM 中没有程序
17	LOGIC FAILURE #3	内部逻辑故障 (3)	AC2 内部	逻辑控制板故障
18	LOGIC FAILURE #2	内部逻辑故障 (2)	AC2 内部	逻辑控制板故障
252	SAFETY	安全端口断开	F5、F11	驱动器信号插头 F5、F11 短接线虚接
240	HW	固件版本错误	A	AC2 没有程序
249	THERMIC SENSOR KO	驱动器温度传感器超限警告	—	自身硬件故障

附录2 AC2 故障脉冲解释表

故障灯闪烁次数和状态	故障解释
闪烁1次	逻辑故障，通常是内部看门狗程序动作、EEPROM 存储器读写故障或 AC2 内部逻辑故障
闪烁2次	启动故障、变桨命令方向故障、手闸故障、旋转编码器故障
闪烁3次	相电压或超级电容故障，AC2 内部电容充电失败、VMN 低和 VMN 高故障
闪烁4次	VACC 故障、PEDAL 线问题
闪烁5次	电流故障
闪烁6次	线圈短路、驱动器短路、接触器故障、输出故障
闪烁7次	温度高故障、电动机温度故障、温度变化故障
闪烁8次	CAN 通信故障
长亮	电池不充电故障
不亮	远程模块问题

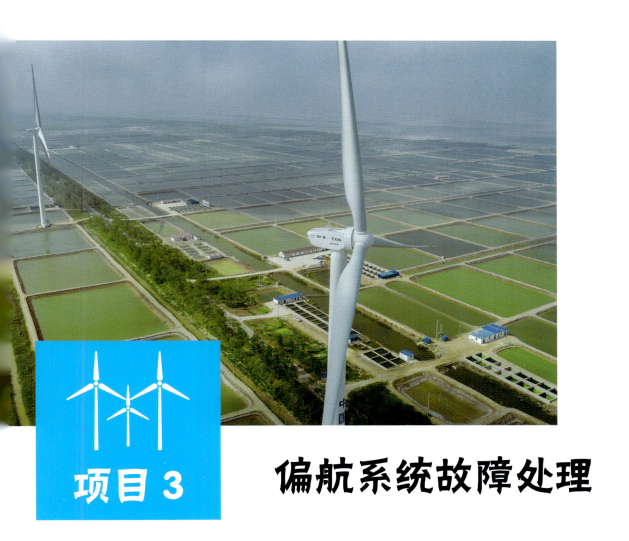

项目 3　偏航系统故障处理

目　　录

任务 3.1　左偏航反馈丢失故障处理 …………………………………………………… 1

任务 3.2　偏航过程中加速度超限故障处理 …………………………………………… 9

任务 3.3　偏航加脂油路堵塞信号故障处理 …………………………………………… 16

任务 3.4　扭缆开关触发故障处理 ……………………………………………………… 22

任务 3.1　左偏航反馈丢失故障处理

3.1.1　故障信息

某项目 10 号机组报出左偏航反馈丢失故障，查看机组网页监控故障界面，显示故障为左偏航反馈丢失，故障代码为 26（图 3.1.1）。

\multicolumn{4}{c}{Active error list}			
ErrActiveCode1	26#Error_yaw moving left feedback signal loss	ErrActiveTime1	2022-07-28-06:34:19.011
ErrActiveCode2	null	ErrActiveTime2	null
ErrActiveCode3	null	ErrActiveTime3	null

图 3.1.1　F 文件显示的故障列表

3.1.2　故障原因分析

在进行故障分析之前需要准备相应的参考资料，包括金风 2.0MW 机组电气原理图、《金风 2.0MW&2.XMW 机组主控系统故障解释手册》、主控故障文件（B 文件和 F 文件）。

1. 故障释义

以金风 2.0MW 机组为例，偏航反馈丢失故障的故障代码、故障名称及故障触发条件见表 3.1.1。

表 3.1.1　故障代码、名称及触发条件

故障代码	故障名称	故障触发条件
26	左偏航反馈丢失	主控系统发出的左偏航控制指令状态与左偏航反馈信号状态不一致，持续 4s
27	右偏航反馈丢失	主控系统发出的右偏航控制指令状态与右偏航反馈信号状态不一致，持续 4s

2. 偏航系统工作原理

金风兆瓦机组偏航系统采用上风向设计，使机组具备自动对风能力，其作用在于，当风速矢量的方向变化时，能够快速、平稳地对准风向，以便风轮获得最大的风能。偏航控制系统的机械部分主要包括偏航驱动机构、一个经特殊设计的带外齿圈的四点接触球轴承（偏航轴承）及一套偏航刹车机构（图 3.1.2）。偏航系统运行时，由偏航电动机通过减速器、偏航大小齿驱动机舱、发电机叶轮以塔筒轴线为轴转动。减速器的作用是将偏航电动机发出的高转速低扭矩动能转化成低转速高扭矩动能，以驱动偏航轴承。

偏航刹车分为两部分：一部分为与偏航电动机轴直接相连的电磁刹车，另一部分为偏航制动器（图 3.1.3）。偏航制动器通过液压系统提供制动力，其工作分为三部分：

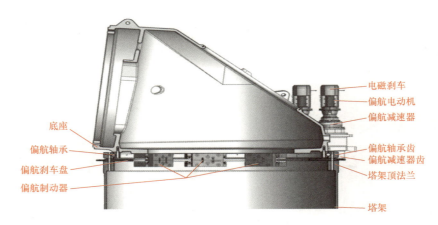

图 3.1.2　偏航系统

1）当机组处于对风或维护状态时，偏航制动器保持 170～180bar[①] 的压力，防止机舱旋转。

2）机组对风偏航时，偏航制动器保持 16～24bar 的压力，提供一定的阻尼力矩。

3）解缆时，偏航制动器在 0bar 压力下偏航，减少摩擦片的磨损量。

在电动机的轴末端装有一个电磁刹车装置，用于在偏航停止时锁定电动机，从而锁定偏航转动。电磁刹车附带手动释放装置，在需要时可手动释放电磁刹车。电磁刹车的结构如图 3.1.4 所示，其工作原理是得电松闸、失电制动。

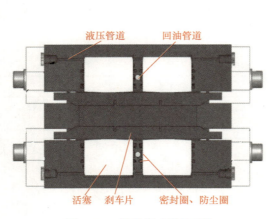

图 3.1.3　偏航制动器的结构

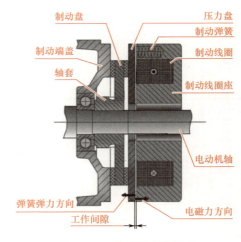

图 3.1.4　电磁刹车的结构

3. 偏航系统控制原理

在电气控制部分，实现机组偏航要满足以下几点：

1）机组有偏航命令下发。

2）机组未触发影响偏航的安全链相关节点，偏航使能可以正常输出，如图 3.1.5 所示。

---

① 非法定单位，1bar=10^5Pa，下同。

项目3 偏航系统故障处理

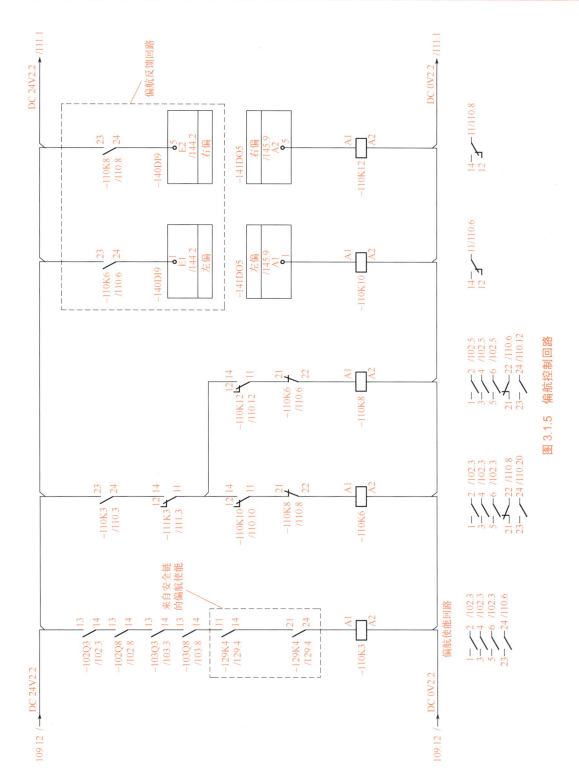

图 3.1.5 偏航控制回路

3）机组未触发偏航保护，如过温等，如图3.1.6所示。

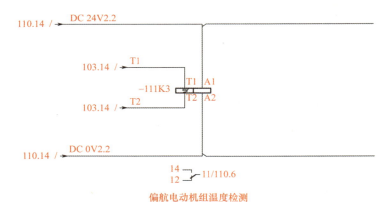

图3.1.6　偏航保护回路

4）偏航刹车系统可以正常执行命令松闸或开启余压，不处于完全制动状态。

4. 故障触发原因分析

根据偏航系统工作原理及故障触发条件，可以初步梳理出触发左偏航反馈丢失故障的原因有以下几种：

1）左偏航命令输出异常。
2）偏航电动机温度异常。
3）偏航接触器或其触点异常。
4）偏航控制继电器异常。
5）偏航电动机断路器跳闸。
6）左偏航反馈回路异常。

5. 故障文件分析

针对以上推测的几种情况，还需进一步分析故障文件，缩小故障范围。

（1）故障文件F文件分析

由F文件可以看到在故障时刻风速为18.40m/s，且无偏航命令和偏航反馈信号，偏航速度为0.02°/s，接近于0°/s，此时已经停止偏航动作，如图3.1.7所示。

wind measurement					
wind_speed	18.40 m/s	average_wind_speed_10s	17.22 m/s	average_wind_speed_30s	17.03 m/s
bEOGFla	off				
wind_vane_wind_direction	162.47 deg	average_wind_vane_wind_direction_25s	156.91 deg		
yaw					
				yaw_position	-99.55 deg
yaw_position_2	-126.05 deg	profi_in_yaw_position	15328.00 inc	yaw_speed	0.02 deg/s
profi_out_yaw_move_right	off	profi_out_yaw_move_left	off	profi_in_yaw_right_feedback	off
profi_in_yaw_left_feedback	off				
yaw_detwisting_necessary	off	yaw_lubrication_possible	off	yaw_lubrication_wanted	off
profi_out_lubrication_yaw_system_on	off	yaw_deviation_wind_nacelle_position	-16.94 deg	yaw_motor_current_overload_number	0
yaw_motor_working_hours	432.82 h	yaw_untwist_date	220720	yaw_untwist_time	1006
yaw_lubrication_elapsed_hours	73	yaw_lubrication_date	220725	yaw_lubrication_time	508

图3.1.7　故障时刻偏航信息

（2）故障文件 B 文件分析

从 F 文件可获取的有帮助的信息不多，还需进一步分析 B 文件数据。由 B 文件可以看到，在故障前 23s 开始左偏航对风，偏航速度为 0.2°/s 左右，偏航角度增大，如图 3.1.8 所示。数据统计期间风速风向变化较频繁，如图 3.1.9 所示。

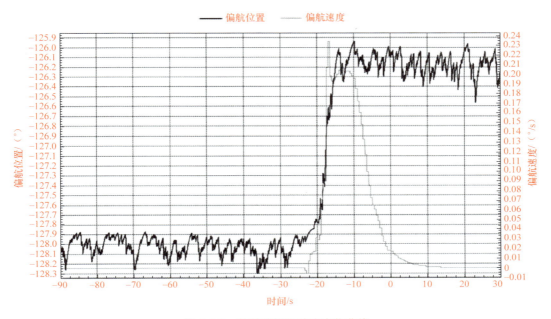

图 3.1.8　偏航位置及速度变化曲线

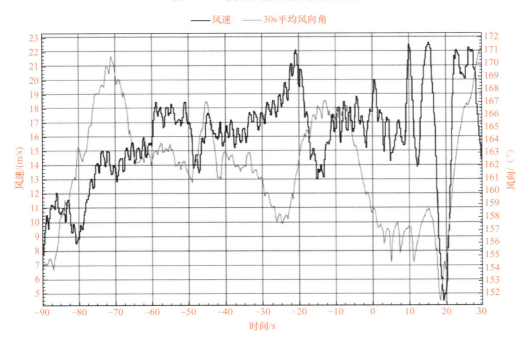

图 3.1.9　风速、风向变化曲线

左偏航反馈信号在故障前 4s 丢失，如图 3.1.10 所示。

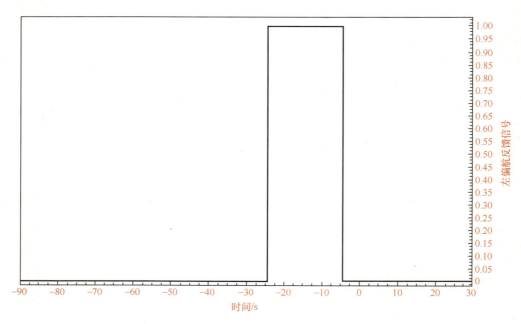

图 3.1.10　左偏航反馈信号

结合以上故障文件 B、F 文件的分析，仍无法有效排除以下几种情形：

1）左偏航命令输出异常。

2）偏航电动机温度异常。

3）偏航接触器或其触点异常。

4）偏航控制继电器异常。

5）偏航电动机断路器跳闸。

6）左偏航反馈回路异常。

3.1.3　故障排查方案制订及工器具准备

1. 故障排查方案

根据故障原因分析，制订故障排查方案如下：

1）排查机舱柜内偏航控制回路 102F3、102Q3、102Q8、103Q3 和 103Q8 是否跳闸；若跳闸则需检查偏航电动机供电回路是否存在虚接、短路，偏航电动机是否失效，液压系统是否可以正常打开余压阀释放制动压力，偏航电动机电磁刹车是否可正常松闸，以及在偏航回路所有电源开关断开后测试偏航接触器 110K3、110K6 是否存在卡滞现象。

2）若无开关跳闸，用偏航维护手柄做左偏航测试，观察机组是否可以执行左偏航动作，同时观察机舱柜 PLC 模块 141D05 模块对应的 1 号灯是否亮起，用万用表测其 1 号

项目 3　偏航系统故障处理

端口是否有 24V 输出，若有输出则需按照机舱电路图偏航控制回路部分逐一排查各节点。建议优先排查偏航使能部分节点，关注各接触器继电器的触点、辅助触点是否存在异常。

3）排查 110K10 继电器是否存在异常。

4）排查热继电器 111K3 是否闭合，热敏电阻 PTC 是否检测异常。

2. 工器具准备

根据故障排查方案准备故障排查所需的工器具，见表 3.1.2。

表 3.1.2　工器具清单

序号	工器具名称	数量	序号	工器具名称	数量
1	万用表	1个	6	斜口钳	1把
2	活动扳手	1个	7	28件套套筒扳手	1套
3	内六角扳手	1套	8	绝缘手套	1副
4	螺丝刀	1套	9	工具包	1个
5	尖嘴钳	1把	10	绝缘胶带	1卷

3. 备件准备

根据故障排查方案准备所需的备件，见表 3.1.3。

表 3.1.3　备件清单

序号	备件名称	数量	序号	备件名称	数量
1	倍福模块 KL2134	1个	3	热敏电阻 PTC	1个
2	偏航接触器及辅助触点（NO、NC）	1个	—	—	—

4. 危险源分析

结合现场工作实际，对危险源进行分析，并制订相应的预防控制措施，见表 3.1.4。

表 3.1.4　危险源分析及预防控制措施

序号	危险源	预防控制措施
1	高处坠落	进入现场，工作人员穿好工作服及劳保鞋，戴好安全帽。开始攀爬前检查并穿好安全衣，检查助爬器控制盒及钢丝绳，攀爬前进行试坠。每到一层平台应盖好盖板，上到偏航平台先挂好双钩再摘止跌扣
2	触电	电气作业必须断电、验电，确认无电后作业。在电容、电感及 AC2、NG5 上的作业还应在停电后进行充分放电，测量无电后操作
3	机械伤害	进入叶轮必须锁定好机械锁。变桨和偏航时，严禁未得到其他人的同意即操作，变桨、偏航时人员应离开旋转部位
4	物体打击	现场人员必须戴好安全帽，禁止抛接工具、抛洒杂物。地面作业人员必须远离提升机作业范围，严禁人员从提升机下通过、逗留。工具应放在工具包内，携带工具的人员应先下后上。攀爬塔筒时，及时关闭塔筒门。严禁多人在同一节塔筒内攀爬
5	精神不佳	严禁工作人员在精神不佳的状态下作业

3.1.4 排查故障点

1. 排查过程

1）在塔底主控柜将机组切换至维护状态，登机检查。打开机舱柜，未见有偏航回路开关跳闸，可排除偏航电动机电磁刹车异常、液压偏航制动回路异常、变桨电动机失效相关问题。

2）检查热继电器111K3，处于闭合状态，偏航电动机暂时处于过温状态。

3）机舱复位故障，故障可复位消除，可看到110K3接触器正常吸合，测量其A1口，有24V DC，表明偏航使能回路信号正常。

4）用偏航维护手柄手动测试左偏航，发现左偏航刚一启动就停止，110K6接触器吸合4s就断开，机组再次报出左偏航反馈丢失故障，表明左偏航电动机控制及供电正常。

5）复位故障，再次测试左偏航，观察到140DI9的1号端口对应的指示灯全程未亮；同时，用万用表测量110K接触器6的24号端口，对地无24V输出，测试结果为0V。

2. 排查结论

综合上述排查过程，可以确定接触器110K6的常开触点23、24失效，未在接触器吸合后闭合，一直处于断开状态，致使主控偏航命令下发4s后未收到左偏航反馈，最终导致机组报出左偏航反馈丢失故障。

3.1.5 更换故障元器件

1）将偏航400V供电开关102F3断开，24V DC供电开关109F11断开。

2）用万用表对110K6的所有接线验电。

3）测量无电后，将接触器110K6的辅助触点23、24两端接线拆除，接线端子做好绝缘防护。

4）取下失效的辅助触点，更换新的辅助触点，并将接线恢复。

5）闭合24V DC供电开关109F11，闭合偏航400V供电开关102F3。

3.1.6 故障处理结果

完成故障元器件更换后，故障复位，使用偏航手柄测试左偏航，左偏航可正常执行。经多次测量，左偏航反馈丢失故障未再次报出。

参考资料：

[1]《金风2.0MW&2.XMW机组主控系统故障解释手册》.

[2]金风2.0MW机舱柜Ⅰ型电气原理图.

任务 3.2 偏航过程中加速度超限故障处理

3.2.1 故障信息

某项目 17 号机组报出偏航过程中加速度超限故障后停机，拷贝并查看机组故障文件可知，机组报出 85#Error_Nacelle acceleration exceed limit in the process of yawing 故障停机，如图 3.2.1 所示。

time					
time_hour	11	time_minutes	17	time_second	28
time_year	2021	time_month	8	time_day	22

Active error list			
ErrActiveCode1	85#Error_Nacelle acceleration exceed limit in the process of yawing	ErrActiveTime1	2021-08-22-11:17:29.114
ErrActiveCode2	null	ErrActiveTime2	null
ErrActiveCode3	null	ErrActiveTime3	null
ErrActiveCode4	null	ErrActiveTime4	null
ErrActiveCode5	null	ErrActiveTime5	null

图 3.2.1 故障文件

3.2.2 故障原因分析

在进行故障分析之前需要准备相应的参考资料，包括金风 2.0MW 机组机舱柜电气原理图、《金风 2.0MW 机组主控系统故障解释手册》、故障文件（B 文件和 F 文件）。

1. 故障释义

机组在偏航过程中会产生冲击荷载，导致塔架振动，机舱加速度传感器采集机组振动加速度值反馈至 PLC，当加速度的有效值超过限定值时，机组立即执行保护程序，报故障停机。

以金风 2.0MW 机组为例，偏航过程中加速度超限的故障代码、故障名称和故障触发条件见表 3.2.1。

表 3.2.1 故障代码、名称和触发条件

故障代码	故障名称	故障触发条件
85	偏航过程中加速度超限	偏航时刻机舱加速度有效值滤波后大于等于 0.135g

2. 加速度传感器工作原理

金风 2.0MW 机组中的加速度传感器是使用专用加速度芯片 (ADXL322 或类似芯片)

搭建的专用电路模块,通过模拟量输入端子 KL3404 处理直流 –10V~+10V 的信号,主要用于检测机舱和塔架的低频振动情况(频率为 0.1~20Hz),同时可以测量两个垂直方向的加速度,加速度的测量范围为 –0.5g~+0.5g。机舱电气原理图如图 3.2.2 所示。加速度输出信号与输出电压的关系见表 3.2.2。

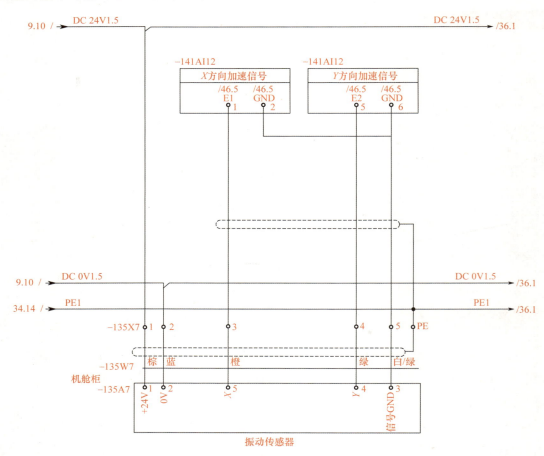

图 3.2.2　机舱电气原理图

表 3.2.2　机舱加速度与对应的输出电压

X 或 Y 方向加速度值/($\times g$)	–0.5	0	+0.5
对应输出电压/V	0	5	10

用 ADXL322 芯片测量机组当前的振动加速度值,并在机组的控制程序中设置了加速度的允许值(或者不同风速对应不同的振动加速度限定值),一旦传感器检测到振动加速度值(X 方向或 Y 方向)超过限定值,机组立即执行相应的保护程序。ADXL322 芯片工作原理如图 3.2.3 所示。

项目 3　偏航系统故障处理

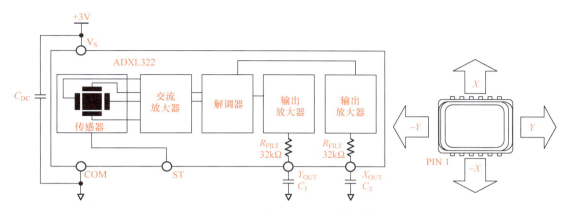

图 3.2.3　ADXL322 芯片工作原理

3. 故障的影响

偏航过程中加速度超限故障的影响主要分为以下两个方面：

1）导致机组故障停机，造成发电量损失。

2）机组报出此故障之后，在风速较大的情况下，塔架振动加速度过大，存在倒塔等设备重大安全隐患。

4. 故障触发原因分析

根据偏航系统的工作原理，梳理出偏航过程中加速度超限的原因有以下几个：

1）偏航余压异常，或制动器间隙导致机组在偏航过程中异常振动。

2）偏航摩擦片磨损严重，油污、粉末导致刹车盘较脏，或因偏航刹车盘保护膜堆结成块导致机组在偏航过程中异常振动。

3）反馈模块 KL3404 失效。

4）加速度模块连接线松动、固定不牢靠或加速度模块本体失效。

根据对偏航过程中加速度超限故障原因的分析，结合机组工作原理，确定故障排查的步骤如下：

1）区分机组故障时的运行状态。如果故障在大风天报出，且可自复位消除，结合风机的地理位置，判断是否为大风强湍流造成的塔架耦合振动。

2）区分主故障与附带故障。通过 Web 网页或 F 文件查看故障信息，根据报故障的先后顺序，判断是否由其他故障引起顺带报出偏航加速度故障，如果是只需把主故障处理好，附带故障即可排除。

3）排除以上两种情况之后，按照先主后辅的原则，先排查机舱加速度传感器回路是否有问题，再排查机舱加速度传感器部件本身、连接线路、倍福模块指示灯是否异常。

4）完成主回路排查之后，排查辅助回路偏航系统余压、偏航异响、刹车盘是否有异物、风向是否突变、制动器是否漏油、刹车盘与摩擦片是否清洁。

5. 故障文件 F 文件分析

查看故障文件 F 文件可知机组在故障时刻机舱加速度有效值为 0.142g, 触发大于等于 0.135g 的故障条件, 如图 3.2.4 所示。

acceleration nacelle					
acceleration_nacelle_x	-0.174	acceleration_nacelle_y	0.028	acceleration_nacelle_momentary_offset_max	0.024
acceleration_nacelle_effective_value	0.142	acceleration_nacelle_high_frequency	0.000	acceleration_nacelle_high_frequency_x	-0.002
acceleration_nacelle_high_frequency_y	0.000	acceleration_nacelle_high_frequency_12HZ	0.000	acceleration_vb_statistics_number	0.000
rAccYMaxFregenc	0.39	rAccYMaxFregenc	0.39	rAccXMaxFrequency_2n	1.17
rAccYMaxFrequency_2n	3.91	rAccXMaxMa	0.11	rAccXMaxMa	0.04
rAccXMaxMag_2n	0.00	rAccXMaxMag_2n	0.01	rAccXMaxMag_t	0.01
rAccYMaxMag_t	0.00	rAccXStde	0.07	AccYStde	0.03

图 3.2.4 机舱加速度有效值（F 文件）

6. 故障文件 B 文件分析

由故障文件 B 文件可知机组在故障前 90s 至故障后 30s 主要状态参数的变化曲线。

1）机组在故障时刻机舱加速度有效值为 0.142g, 且持续超过 0.135g 约 7s, 如图 3.2.5 所示。

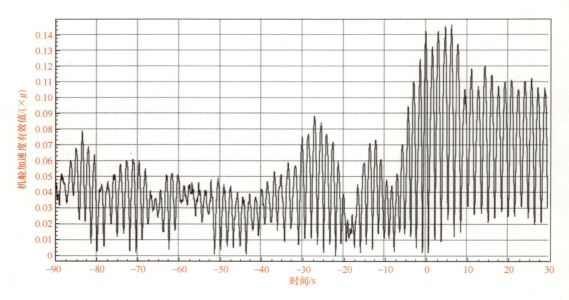

图 3.2.5 机舱加速度有效值变化曲线

2）机组在故障时刻风速有突变，如图 3.2.6 所示。

7. 故障分析结论

综合上述故障分析得出的故障表现，对可能的故障点逐一进行分析，见表 3.2.3。

项目 3　偏航系统故障处理

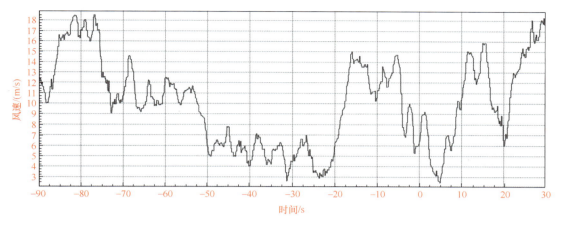

图 3.2.6　风速变化曲线

表 3.2.3　故障点分析

序号	故障表现	故障原因分析	依据
1	机舱加速度有效值为 0.142g	1）加速度模块不正常 2）偏航余压不正常 3）偏航过程中有异响、振动 4）制动器漏油 5）刹车盘面与摩擦片有异物	Web 网页监控与现场登机检查
2	故障时刻风速有突变	1）风速采集异常 2）风机机位湍流较大	B 文件风速变化曲线
3	故障能在自复位以后消除，机组恢复运行	1）加速度模块线路松动 2）固定底座松动	机舱柜电气原理图

3.2.3　故障排查方案制订及工器具准备

1. 制订故障排查方案

1）检查加速度模块回路线路是否有虚接或破损，加速度模块运行状态是否正常。可倒换排查。

2）检查 KL3404 反馈模块。

3）查看偏航余压是否在正常范围内。

4）偏航测试是否有异响或振动。

5）检查偏航回路是否有制动器漏油。

6）检查制动器与刹车盘是否有异物（手撕膜或闸灰）。

2. 工器具准备

根据故障排查方案准备故障排查所需的工器具，见表 3.2.4。

表 3.2.4　工器具清单

序号	工器具名称	数量	序号	工器具名称	数量
1	万用表	1个	4	尖嘴钳	1把
2	活动扳手	1个	5	28件套套筒扳手	1套
3	螺丝刀	1套	6	工具包	1个

3. 备件准备

根据故障排查方案准备所需的备件，见表 3.2.5。

表 3.2.5　备件清单

序号	备件名称	数量	序号	备件名称	数量
1	加速度模块	1个	2	KL3404模块	1个

4. 危险源分析

结合现场工作实际，对危险源进行分析，并制订相应的预防控制措施，见表 3.2.6。

表 3.2.6　危险源分析及预防控制措施

序号	危险源	预防控制措施
1	高处坠落	进入现场，工作人员穿好工作服及劳保鞋，戴好安全帽。开始攀爬前检查并穿好安全衣，检查助爬器控制盒及钢丝绳，攀爬前进行试坠。每到一层平台应盖好盖板，上到偏航平台先挂好双钩再摘止跌扣
2	机械伤害	偏航时，严禁未得到其他人的同意即操作，偏航时人员应离开旋转部位
3	物体打击	现场人员必须戴好安全帽，禁止抛接工具、抛洒杂物。地面作业人员必须远离提升机作业范围，严禁人员从提升机下通过、逗留。工具应放在工具包内，携带工具的人员应先下后上。攀爬塔筒时，及时关闭塔筒门。严禁多人在同一节塔筒内攀爬
4	精神不佳	严禁工作人员在精神不佳的状态下作业

3.2.4　排查故障点

1. 排查过程

根据制订的故障排查方案进行故障排查：

1）检查加速度模块固定无松动，135X7 的 3、4、5 号端子无松动；用螺丝刀打开外壳，检查线缆无松动或明显损坏。

2）检查模拟量输入端子 KL3404 运行状态灯正常，与同型号端子倒换未发现异常。

3）手动偏航测试，显示偏航余压为 18bar，在正常范围内。

4）偏航测试无异常振动、无异响。

5）排查制动器无漏油、渗油现象。

6）检查制动器与刹车盘之间无异物、无手撕膜。

2. 排查结论

综合上述排查过程，该故障在 3min 后自复位消除，判断为大风湍流导致塔架振动过大导致。

3.2.5 更换故障元器件

本次故障未发生元器件失效，无需更换。

3.2.6 故障处理结果

登塔对所有可能的故障点进行排查，未发现异常；下塔后进行启机并网测试，远程升压站监控风机，未报出该故障。由于此机组处于峡谷中央，受湍流影响较大。针对此类大风湍流影响机组塔架耦合振动问题，优化机组程序，并加装减振垫，有效减少了故障频次，保障了机组稳定运行。

参考资料：

[1]《金风 2.0MW 机组主控系统故障解释手册》.

[2] 金风 2.0MW 机组机舱柜电气原理图.

任务 3.3　偏航加脂油路堵塞信号故障处理

3.3.1　故障信息

某项目 20 号机组报出偏航齿轮加脂油路堵塞警告，远程查看机组网页监控故障界面，故障显示如图 3.3.1 所示。

图 3.3.1　故障显示

3.3.2　故障原因分析

在进行故障分析之前需要准备相应的参考资料，包括金风 2.0MW 机组机舱柜电气原理图、《金风 2.0MW 机组主控系统故障解释手册》。

1. 故障释义

偏航润滑系统包括偏航轴承和偏航齿面的润滑，当主控系统发出偏航加脂命令后，偏航轴承齿（偏航轴承）加脂堵塞信号电平状态 45s 内未变化，该情况持续 60s，则触发故障。堵塞信号开关正常时，润滑泵工作时 PLC 接收到连续的脉冲信号，是为正常状态。

以金风 2.0MW 机组为例，偏航加脂油路堵塞信号的故障代码、故障名称和故障触发条件见表 3.3.1。

表 3.3.1　故障代码、名称和触发条件

故障代码	故障名称	故障触发条件
13	偏航齿轮加脂油路堵塞	主控系统发出偏航加脂命令后，偏航轴承齿加脂堵塞信号电平状态 45s 内未变化，该情况持续 60s
14	偏航轴承加脂油路堵塞	主控系统发出偏航加脂命令后，偏航轴承加脂堵塞信号电平状态 45s 内未变化，该情况持续 60s

2. 偏航润滑系统工作原理

金风 2.0MW 机组偏航润滑系统包括偏航轴承和偏航齿面的润滑，通过 PLC 控制电动

润滑泵给偏航轴承和偏航齿面加脂，偏航轴承采用 9 个润滑点润滑轴承，采用 1 个润滑小齿轮润滑偏航齿圈。此套润滑系统安装了接近开关对系统进行监测，当堵塞时报警，通过数字量输入模块 KL1104 反馈给主控系统。偏航润滑系统回路拓扑结构及电气原理图如图 3.3.2、图 3.3.3 所示。

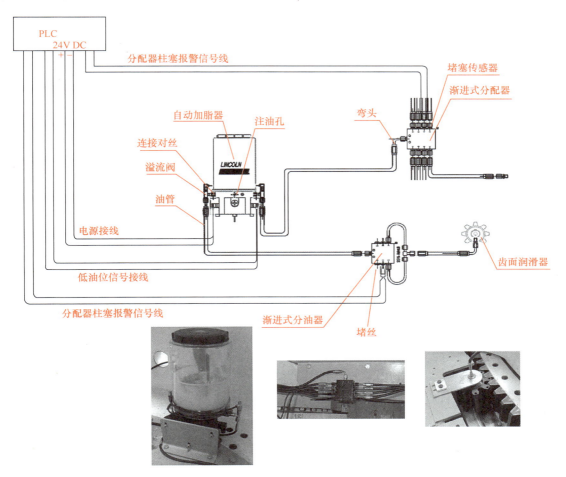

图 3.3.2　偏航润滑系统回路拓扑结构

3. 油泵及分配器工作原理

金风兆瓦机组偏航润滑系统使用电压为 220V AC 或 24V DC 的润滑泵给偏航轴承和齿面加油，润滑泵油箱带搅拌器，即使在恶劣的工作环境下也可以吸脂。偏航轴承和齿面两个泵单元出脂量为 1∶1，偏航轴承加脂量为 1.2L/ 年。润滑泵的启停由 PLC 控制，间隔时间和润滑时间由主控 PLC 控制。偏航润滑控制每隔 335h 自动偏航加脂一次，每次偏航角度为 380°。油脂分配器使用渐进式分配器，均匀加脂。油泵和分配器的工作原理如图 3.3.4、图 3.3.5 所示。

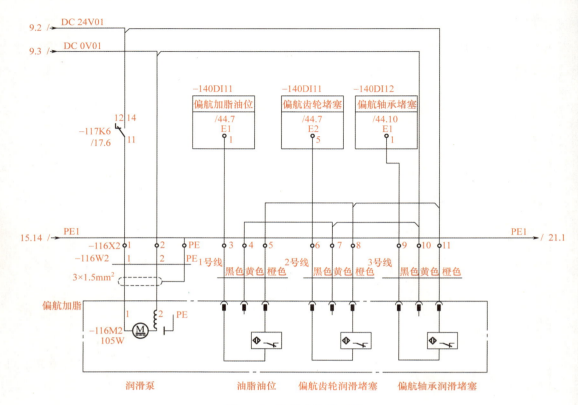

图 3.3.3 机舱电气原理图

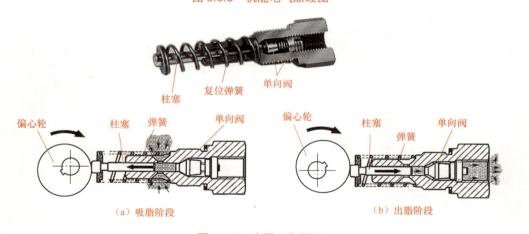

图 3.3.4 油泵工作原理

4. 故障的影响

偏航加脂油路堵塞信号故障的影响主要分为以下两个方面：

1）导致机组故障停机，造成发电量损失。

2）机组报出此故障之后，如果不及时处理，会造成偏航轴承与齿面润滑不到位，造成偏航轴承与偏航齿面使用寿命缩短等设备安全隐患。

项目 3　偏航系统故障处理

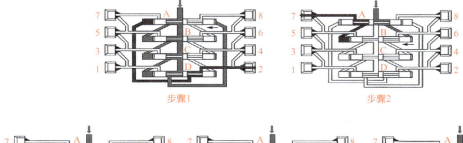
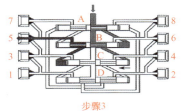
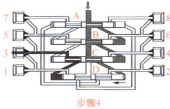
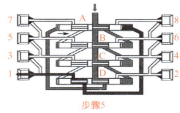

图 3.3.5　分配器工作原理

5. 故障触发原因分析

根据偏航润滑系统的工作原理，梳理出偏航齿轮加脂油路堵塞的原因有以下几个：

1）偏航润滑控制回路异常，导致润滑泵无法正常工作。

2）140DI11 模块失效，导致 PLC 接收到的反馈信号一直无变化。

3）分配器损坏或堵塞，导致信号无法传送给接近开关。

4）分配器测量接近开关损坏，导致没有接收到正常的信号。

5）排气孔堵塞或润滑泵内有异物堵塞，造成油路堵塞，无法出脂。

根据对偏航齿轮加脂油路堵塞故障的原因分析，结合机组运行原理，确定故障排查的步骤如下：

1）区分主故障与附带故障。通过 Web 网页或故障文件 F 文件查看故障信息，根据报故障的先后顺序判断是否由其他故障引起顺带报出加脂油路堵塞故障，如果是，只需把主故障处理好，附带故障即可排除。

2）排除以上情况后，按照先主后辅的原则，先排查偏航润滑系统的主回路，再排查偏航润滑泵等部件、连接线路、电压有无异常。

3）完成主回路排查之后，排查反馈回路即 KL1104 模块、接近开关是否正常。

3.3.3　故障排查方案制订及工器具准备

1. 制订故障排查方案

1）排查偏航润滑泵 117K6 输入电压是否正常。

2）倒换 140DI11 模块，观察信号接收是否与倒换前一致。

3）在网页上手动下达加脂命令，查看分配器是否工作，接近开关是否持续有脉冲信号闪烁。

4）拆下油管，手动下达加脂命令，看是否出脂。

5）拆下润滑泵顶盖，观察内部是否有异物堵塞。

2. 工器具准备

根据故障排查方案准备故障排查所需的工器具，见表3.3.2。

表3.3.2 工器具清单

序号	工器具名称	数量	序号	工器具名称	数量
1	万用表	1个	4	螺丝刀	1套
2	活动扳手	1个	5	工具包	1个
3	抹布	若干	—	—	—

3. 备件准备

根据故障排查方案准备所需的备件，见表3.3.3。

表3.3.3 备件清单

序号	工器具名称	数量	序号	工器具名称	数量
1	油脂分配器	1个	3	KL1104模块	1个
2	接近开关	1个	—	—	—

4. 危险源分析

结合现场工作实际，对危险源进行分析，并制订相应的预防控制措施，见表3.3.4。

表3.3.4 预防控制措施

序号	危险源	预防控制措施
1	高处坠落	进入现场，工作人员穿好工作服及劳保鞋，戴好安全帽。开始攀爬前检查并穿好安全衣，检查助爬器控制盒及钢丝绳，攀登前进行试坠。每到一层平台应盖好盖板，上到偏航平台先挂好双钩再摘止跌扣
2	滑倒绊倒	注意观察脚下和地面情况，加脂时及时清理脚下油污，防止滑倒
3	物体打击	现场人员必须戴好安全帽，禁止抛接工具、抛洒杂物。地面作业人员必须远离提升机作业范围，严禁人员从提升机下通过、逗留。工具应放在工具包内，携带工具的人员应先下后上。攀爬塔筒时，及时关闭塔筒门。严禁多人在同一节塔筒内攀爬
4	精神不佳	严禁工作人员在精神不佳的状态下作业

3.3.4 排查故障点

1. 排查过程

根据制订的故障排查方案进行故障排查：

1）远程复位，故障无法消除，表明不是机组误报故障。

2）塔底复位，故障无法消除，表明存在器件损坏或者线路异常，需要维护人员登机检查故障点。

3）测量117K6输入电压为24V，正常。

4）倒换140DI11模块，未发现故障转移。

5）在网页上手动下达加脂命令进行测试，发现润滑泵搅拌器正常工作，但接近开关信号灯常亮。

6）拆下出油口油管，发现未出油脂，怀疑分配器工作异常、接近开关失效。倒换接近开关，信号灯依然常亮，排除接近开关问题。

7）观察润滑泵排气孔有油脂溢出，拆下顶盖，此时接近开关信号灯正常闪烁，140DI115端口有连续脉冲电压，怀疑为气压不平衡、油脂量太大造成无法排气而堵塞。

8）清理润滑泵排气孔，清理完毕后盖上顶盖，观察接近开关信号、反馈模块信号均正常。

2. 排查结论

综合上述排查过程，判断为润滑泵排气孔堵塞，内外气压不平衡，导致无法出脂、报出故障。故障位置如图3.3.6所示。

图3.3.6　故障位置

3.3.5　更换故障元器件

本次故障未出现元器件损坏，无需更换。清理排气孔油脂后故障消除。

3.3.6　故障处理结果

清理完排气孔油脂后，进行网页监控手动下达加脂命令测试，观察分配器正常出脂，接近开关信号灯正常闪烁，输入电压正常，140DI115端口有连续脉冲信号，故障消除。

参考资料：

[1]《金风2.0MW机组主控系统故障解释手册》.

[2] 金风2.0MW机组机舱柜电气原理图.

任务 3.4　扭缆开关触发故障处理

3.4.1　故障信息

某项目 1 号机组报出扭缆开关触发故障停机，远程查看机组网页监控故障界面，显示机舱位置为 890°，机组触发安全链紧急停机。

3.4.2　故障原因分析

在进行故障分析之前需要准备相应的参考资料，包括金风 2.5MW 机组机舱电气原理图、《金风 2.5MW 机组主控系统故障解释手册》。

1. 故障释义

机舱位置传感器又名凸轮计数器，其内部安装一个 $10k\Omega$ 的电位器，通过电阻的变化确定风机的偏航角度并计算偏航的速度。除电位器外，凸轮计数器内还安装有限位开关，防止电缆缠绕，当机舱偏航旋转角度达到 900° 时，限位开关发出信号，整个机组快速停机。凸轮计数器的结构如图 3.4.1 所示。

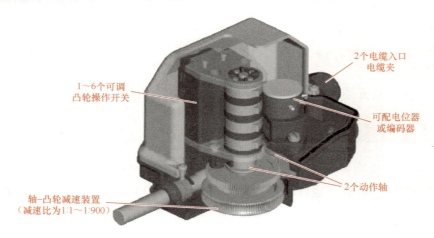

图 3.4.1　凸轮计数器的结构示意图

以金风 2.5MW 机组为例，扭缆开关触发故障的故障代码、故障名称和故障触发条件见表 3.4.1。

表 3.4.1　故障代码、名称和触发条件

故障代码	故障名称	故障触发条件
1305	扭缆开关动作	扭缆开关反馈的扭缆未超限信号变为 0

项目 3　偏航系统故障处理

2. 运行原理

金风 2.5MW 机组偏航系统主要用凸轮计数器（图 3.4.2）完成机组解缆、偏航角度计算、扭缆保护工作。2.5MW 机组的偏航轴承外齿圈齿数为 179，凸轮计数器尼龙齿轮齿数为 10，即机舱每转一圈，尼龙齿轮转 17.9 圈。凸轮的计数比为 1:200，同一方向允许尼龙齿轮旋转的理论极限为 100 圈。

图 3.4.2　凸轮计数器

2.5MW 机组允许机舱在同一方向旋转的极限（扭缆开关设置）是 900°，对应尼龙齿轮同一方向旋转的极限是 44.75 圈，为便于操作，取为 44 圈（885°）。

3. 故障影响

扭缆开发触发故障的影响主要分为以下两个方面：

1）导致机组故障停机，造成发电量损失。

2）机组报出此故障之后，部分机组出现扭缆限位开关无法触发问题，在满足偏航的情况下存在动力电缆扭断的安全隐患。

4. 故障触发原因分析

根据偏航系统的工作原理，梳理出扭缆开关触发故障的原因有以下几个：

1）扭缆开关真实触发，停止输出 OK 信号。

2）凸轮计数器存在数据跳变或本身损坏，机组接收到异常的反馈信号或凸轮本身损坏。

3）凸轮计数器反馈回路线路虚接，包括凸轮 24V 电源输入异常，反馈至机舱倍福模块的回路异常，导致信号异常。

4）机舱柜 KL1408 模块异常或模块接线松动，包括模块接线上的高精度电阻异常，导致 PLC 模块没有接收到正常反馈数据信号。

根据对扭缆开关触发故障的原因分析，结合机组运行原理，确定故障排查的步骤如下：

1）区分主故障与附带故障。通过面板或 Web 网页查看故障信息，根据报故障的先后顺序判断是否由其他安全链故障引起顺带报出扭缆开关触发故障，如果是，只需把主故障处理好，附带故障即可排除。

2）首先观察机组电缆是否由于扭缆开关触发发生扭变、存在扭劲；其次判断是否为凸轮计数器损坏触发故障，在风机无安全链故障的情况下，拆下凸轮计数器，打开盖子，用工具分别触发凸轮计数器左、右触点，此时机组安全链断开并报出相应的故障为正常。另外，匀速拨动凸轮，观察其偏航位置是否发生变化或数据是否存在跳变情况，由此排查凸轮是否损坏或数据存在跳变情况。

3）排除以上两种情况之后，按照先主后辅的原则，先排查偏航系统的凸轮计数器电

风力发电机组故障处理

源回路,再排查连接线路、电压电流有无异常。

4)完成主回路排查之后,排查反馈回路,排查机舱倍福模块、高精度电阻是否正常。

5. 故障分析结论

综合上述故障分析,对可能的故障点逐一进行分析,见表 3.4.2。

表 3.4.2 故障点分析

序号	故障表现	故障原因分析	依据
1	扭缆开关真实触发	调试过程中扭缆开关触发调试错误或测试不正确	扭缆开关触发故障解释
2	凸轮计数器存在数据跳变或本身损坏	1)凸轮计数器损坏 2)凸轮计数器内部异常,导致数据存在跳变,转动时数据变化波动较大	机舱柜电气原理图
3	凸轮计数器反馈回路线路虚接	1)凸轮 24V 电源输入异常 2)反馈至机舱倍福模块的回路异常,导致信号异常	凸轮计数器工作原理
4	机舱柜 KL1408 模块异常或模块接线松动	模块接线上的高精度电阻异常,导致 PLC 模块没有接收到正常反馈数据信号	机舱柜电气原理图

3.4.3 故障排查方案制订及工器具准备

1. 制订故障排查方案

1)排查凸轮计数器是否损坏、是否存在数据跳变,可采用替换法;检查旋编线有无损坏或者虚接。

2)检查凸轮计数器反馈回路线路有无虚接、凸轮 24V 电源输入是否异常。

3)检查机舱柜 KL1408 模块是否异常或模块接线有无松动,使用万用表测量判断模块接线处高精度电阻是否正常。

2. 工器具准备

根据故障排查方案准备故障排查所需的工器具,见表 3.4.3。

表 3.4.3 工器具清单

序号	工器具名称	数量	序号	工器具名称	数量
1	万用表	1个	5	斜口钳	1把
2	活动扳手	1个	6	28件套开口扳手	1套
3	螺丝刀	1套	7	工具包	1个
4	尖嘴钳	1把	8	绝缘胶带	1卷

3. 备件准备

根据故障排查方案准备所需的备件,见表 3.4.4。

项目 3　偏航系统故障处理

表 3.4.4　备件清单

序号	备件名称	数量	序号	备件名称	数量
1	凸轮计数器	1 个	3	500Ω 高精度电阻	1 个
2	KL1408 模块	1 组	4	凸轮计数器电源线	1 套

4. 危险源分析

结合现场工作实际，对危险源进行分析，并制订相应的预防控制措施，见表 3.4.5。

表 3.4.5　危险源分析及预防控制措施

序号	危险源	预防控制措施
1	高处坠落	进入现场，工作人员穿好工作服及劳保鞋，戴好安全帽。开始攀爬前检查并穿好安全衣，检查助爬器控制盒及钢丝绳，攀登前进行试坠。每到一层平台应盖好盖板，上到偏航平台先挂好双钩再摘止跌扣
2	触电	电气作业必须断电、验电，确认无电后作业。在电容、电感及 AC2、NG5 上的作业还应在停电后进行充分放电，测量无电后操作
3	机械伤害	进入叶轮必须锁定好机械锁。变桨和偏航时，严禁未得到其他人的同意即操作，变桨、偏航时人员应离开旋转部位
4	物体打击	现场人员必须戴好安全帽，禁止抛接工具、抛洒杂物。地面作业人员必须远离提升机作业范围，严禁人员从提升机下通过、逗留。工具应放在工具包内，携带工具的人员应先下后上。攀爬塔筒时，及时关闭塔筒门。严禁多人在同一节塔筒内攀爬
5	精神不佳	严禁工作人员在精神不佳的状态下作业

3.4.4　排查故障点

1. 排查过程

根据制订的故障排查方案进行故障排查：

1）登机检查机组电缆正常、无扭劲，机组未真正触发扭缆开关，表明凸轮计数器或反馈回路存在异常，需要进一步排查。

2）检查凸轮计数器 24V 电源输入正常，电源回路无虚接或短线现象，排除电源输入线端问题。

3）更换倍福模块，KL1408 无变化，故障未消除，表明模块正常；测量高精度电阻值在正常范围内，无异常。

4）手动偏航过程中发现凸轮计数器数据存在跳变情况，初步判断由于凸轮计数器数据跳变触发故障。

5）检查凸轮计数器时发现存在卡滞情况，表明数据跳变是由于尼龙齿轮卡滞导致，需更换凸轮计数器。

2. 排查结论

综合上述排查过程，判断为凸轮计数器本身存在异常，导致凸轮在机组运行偏航过程中发生较大的数据跳变，触发扭缆开关故障。

本次机组报出扭缆开关触发故障的根本原因为凸轮计数器损坏，具体表现为凸轮计数器尼龙齿轮卡滞，存在数据跳变情况。综合现场情况，在报出扭缆开关触发故障后，分析故障原因时应重点关注凸轮计数器数据的变化，检查凸轮计数器尼龙齿轮是否存在卡滞现象。

3.4.5 更换故障元器件

1）记录当前凸轮计数器的位置，机舱柜断开 24V 电源开关，更换凸轮计数器之前用万用表测量电压，当凸轮计数器无电压时才可以进行更换操作。

2）拆下原机组凸轮计数器，调节新的凸轮计数器位置，确保与原位置一致。

3）按照偏航凸轮调试工艺要求完成新凸轮的调试。

4）右偏航限位触发设定：调节凸轮初始 0° 位置后使尼龙齿轮面正对人正视面，逆时针旋转 44 圈（偏航位置 −900°），然后调节 1 号螺钉，使对应的右偏凸轮顶点旋到触点开关，听到触点动作声音时停止。调节凸轮，测试右偏航触发扭缆的实际位置，应在 −870° ~ −900°。触发扭缆时，网页监控故障界面上报扭缆开关故障，同时对应的安全继电器 82K2 指示灯应熄灭。

5）左偏航限位触发设定：调节凸轮初始 0° 位置后使尼龙齿轮面正对人正视面，顺时针旋转 44 圈（偏航位置 900°），然后调节 2 号螺钉，使对应的左偏凸轮顶点旋到触点开关，听到触点动作声音时停止。调节凸轮，测试左偏航触发扭缆的实际位置，应在 870° ~ 900°。触发扭缆时，网页监控故障界面上报扭缆开关故障，同时对应的安全继电器 82K2 指示灯应熄灭。

6）将凸轮计数器凸轮调节锁定螺钉旋紧，然后重新调节凸轮到初始 0° 位置，调整好后将凸轮计数器安装在原位。

3.4.6 故障处理结果

完成故障元器件更换之后，进行手动偏航测试，同时观察凸轮计数器数据，没有出现位置数据明显波动现象，表明凸轮计数器正常。

参考资料：

[1]《金风 2.5MW 机组主控系统故障解释手册》.

[2]《金风 2.0&2.5MW 风力发电机组偏航凸轮调试说明》.

项目 4 液压系统故障处理

目 录

任务 4.1 偏航压力异常故障处理 …………………………………………………… 1

任务 4.2 液压泵无反馈故障处理 …………………………………………………… 8

任务 4.3 建压时间长故障处理 …………………………………………………… 15

任务 4.1　偏航压力异常故障处理

4.1.1　故障信息

某项目 4 号机组报出偏航压力异常故障，远程查看机组网页监控故障界面，故障显示如图 4.1.1 所示。

图 4.1.1　故障显示

4.1.2　故障原因分析

在进行故障分析之前需要准备相应的参考资料，包括 2.0MW 机组电气原理图、《金风 2.0MW 机组主控系统故障解释手册》、故障文件（B 文件和 F 文件）。

1. 故障释义

偏航压力即机组的液压系统为偏航系统制动提供的压力。偏航压力分为偏航高压、偏航余压和偏航零压三种状态。偏航高压是机组在维护状态下保持 170～180bar 的压力，防止机舱发生旋转；偏航余压是机组在对风偏航时，液压系统为制动器提供 16～24bar 的压力，使机组保持一定的阻尼力矩；偏航零压是机组在执行解缆时，制动器压力为零，以减少摩擦片的磨损。

根据《金风 2.0MW 机组主控系统故障解释手册》，当机组未偏航时液压系统压力与偏航系统压力差值的绝对值持续 600s 高于 80bar，就会报出偏航压力异常故障。

图 4.1.2 所示是《金风 2.0MW 机组主控系统故障解释手册》对于偏航压力异常故障的解释。

2. 液压系统运行原理

液压站回路中，偏航压力经过电动机（1.1）后经单向阀（4）到达偏航系统制动减压阀，这个减压阀就用于调节偏航系统压力值。如果这个减压阀出现故障，就会导致偏航系统压力过低，压力传感器检测到压力异常，从而报出偏航压力异常故障。液压站主回路拓

故障号	故障名称				故障变量						
11	偏航压力异常				error_yaw_pressure						
	故障使能	不激活字	设置不激活字	容错类型	故障值	极限值	故障值延时时间	容错时间	极限频次	容错时间2	极限频次2
	TRUE	4	0	0	80.000	80.000	t#10m	t#0ms	0	t#0ms	0
	允许自复位次数	复位值	复位时间	允许远程复位次数	长周期允许远程复位次数	长周期统计时间	警告停机等级	故障停机等级	启动等级	偏航等级	预留
	0	70.00	t#2.5m	0	7	t#168h	0	3	0	15	TRUE
	故障触发条件										
	机组未偏航时液压系统压力与偏航系统压力差值的绝对值持续600s高于80bar										
	Error Name										
	Error_hydraulic yaw prresure										

图 4.1.2　故障解释

扑结构如图 4.1.3 所示。

3. 偏航液压反馈的原理

在偏航系统压力反馈电路图中,偏航压力变送器将检测的压力以模拟量信号反馈给机舱子站的 141AI10（KL3404）模块,模块将对应的模拟量转换为 -10V ～ +10V 范围内的电压信号,从而反馈对应的压力,如图 4.1.4 所示。

当压力变送器检测的压力低于正常值且与系统压力差值的绝对值大于 80bar 时,就会报出偏航压力异常故障；或者反馈模块 141AI10 和电阻 115R7 失效等也会导致报出偏航压力异常故障。

4. 故障的影响

偏航压力异常故障的影响主要分为以下两个方面：

1）导致机组故障停机,造成发电量损失。

2）机组报出此故障之后,机组偏航系统压力减小或者无压力,导致机组在无压力制动情况下发生旋转等危险动作。

5. 故障触发原因分析

根据液压站原理图和偏航系统压力反馈电路图,梳理出偏航压力异常的原因有以下几个：

1）液压站的偏航制动减压阀（11）出现机械故障,失效或者压力调节不够。

2）液压站压力变送器存在失效等情况,导致传输信号异常。

3）机舱子站模块 141AI10 和电阻 115R7 失效,导致故障报出。

根据偏航压力异常的原因分析,结合机组运行机理,确定故障排查的步骤如下：

1）在机组维护模式状态下,通过网页监控查看机组故障信息,拷贝故障文件,对故障文件进行分析,并查看机组液压系统的压力信息,从而初步判断可能的故障点。

项目 4　液压系统故障处理

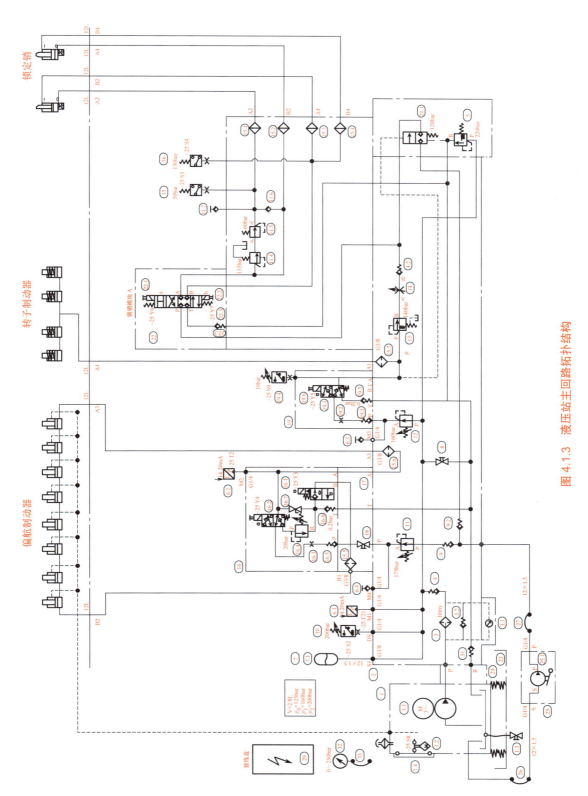

图 4.1.3　液压站主回路拓扑结构

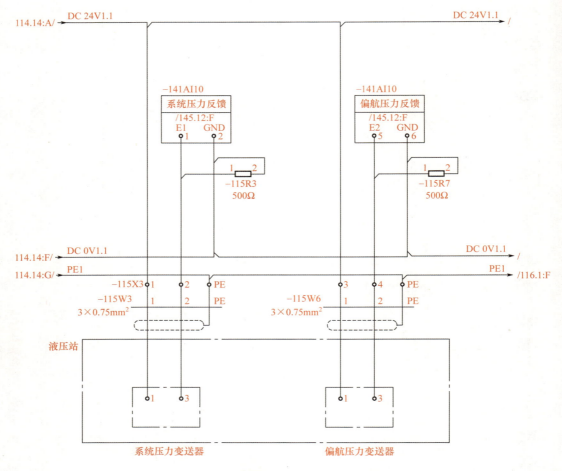

图 4.1.4　偏航系统压力反馈电路图

2）发现偏航压力存在异常，调节液压站的偏航制动减压阀，看压力是否增加，能否恢复至正常值范围。

3）倒换模块 141AI10（KL3404），看故障是否发生转移，如果发生转移，则判断原有模块的通道存在问题；还可以测量 115R7 电阻，看阻值是否在 500Ω 左右。

6. 故障文件 F 文件分析

通过对故障文件 F 文件的分析，在故障信息中可以清楚地看到偏航系统压力已经远远低于正常范围，为 124.02bar，而且与系统压力 210.64bar 的差值的绝对值大于 80bar，达到故障触发条件，如图 4.1.5 所示。

hydraulic					
profi_in_hydraulics_feedback	off	profi_out_hydraulic_yaw_system_enable	off	profi_in_hydraulic_activate_hydraulic_motor	off
profi_out_hydraulic_lift_yaw_brake	off	profi_in_hydraulic_oil_level_ok			
hydraulic_system_pressure	210.64 bar	yaw_pressure	124.02 bar		

图 4.1.5　液压系统故障信息

项目4 液压系统故障处理

7. 故障文件 B 文件分析

在故障文件 B 文件中没有关于偏航压力的变量信息记录，所以 B 文件的内容不具有参考意义。

8. 故障分析结论

综合故障分析得出的故障表现，对可能的故障原因逐一进行分析，见表 4.1.1。

表 4.1.1 故障原因分析

序号	故障表现	故障原因分析	依据
1	偏航压力低	1）偏航制动减压阀故障失效 2）压力变送器异常	液压站原理图
2	模块 141AI10（KL3404）信号反馈异常	1）141AI10 模块问题 2）电阻 115R7 异常	机舱电气原理图

4.1.3 故障排查方案制订及工器具准备

1. 故障排查方案制订

根据故障原因分析，制订故障排查方案如下：

1）检查液压站的偏航制动减压阀是否出现机械故障，通过压力调节观察偏航压力是否能恢复且保持在正常范围内。

2）检查压力变送器是否存在机械故障。

3）检查模块 141AI10 信号输入是否正常，可以更换模块看故障是否转移，从而判断模块的通道是否存在问题。

4）测量电阻 115R7 的阻值，如果阻值大约为 500Ω 则为正常，如果大幅度低于 500Ω 则电阻异常，需要更换电阻。

2. 工器具准备

根据故障排查方案准备故障排查所需的工器具，见表 4.1.2。

表 4.1.2 工器具清单

序号	工器具名称	数量	序号	工器具名称	数量
1	万用表	1个	5	螺丝刀	1套
2	活动扳手	1个	6	绝缘胶带	1卷
3	内六角扳手	1套	7	绝缘手套	1副
4	尖嘴钳	1个	8	工具包	1个

3. 备件准备

根据故障排查方案准备所需的备件，见表 4.1.3。

表 4.1.3 备件清单

序号	备件名称	数量	序号	备件名称	数量
1	偏航制动减压阀	1个	3	KL3404 模块	1个
2	压力变送器	1组	4	500Ω 电阻	1个

4. 危险源分析

结合现场工作实际，对危险源进行分析，并制订相应的预防控制措施，见表 4.1.4。

表 4.1.4 危险源分析及预防控制措施

序号	危险源	预防控制措施
1	高处坠落	进入现场，工作人员穿好工作服及劳保鞋，戴好安全帽。开始攀爬前检查并穿好安全衣，检查助爬器控制盒及钢丝绳，攀爬前进行试坠。每到一层平台应盖好盖板，上到偏航平台先挂好双钩再摘止跌扣
2	触电	电气作业必须断电、验电，确认无电后作业。在进行液压站阀体更换时需要断电泄压，更换其他元器件时也要断电、验电
3	物体打击	现场人员必须戴好安全帽，禁止抛接工具、抛洒杂物。地面作业人员必须远离提升机作业范围，严禁人员从提升机下通过、逗留。工具应放在工具包内，携带工具的人员应先下后上。攀爬塔筒时，及时关闭塔筒门。严禁多人在同一节塔筒内攀爬
4	精神不佳	严禁工作人员在精神不佳的状态下作业

4.1.4 排查故障点

1. 排查过程

根据制订的故障排查方案进行故障排查：

1）机组切换至维护状态，拷贝故障文件，对故障文件进行初步分析。从故障文件中看到偏航系统压力远远低于正常值，可以初步判断故障点。

2）到达机舱后，观察模块 141AI10 的信号输入异常，更换模块，发现故障并未转移，排除模块问题导致的故障。

3）用万用表测量电阻 115R7 的阻值，测量结果为 499.8Ω，电阻 115R7 正常。

4）检查液压站的偏航制动减压阀。调节减压阀，发现压力并未发生变化，此时得出减压阀的机械故障导致压力减小，报出偏航压力异常故障。

更换减压阀，调节偏航压力，最终将压力调节到 175.5bar，而且能一直稳定在这一压力值。

5）手动偏航测试，观察网页监控偏航系统压力和偏航余压。手动偏航时余压为 20bar，停止偏航时液压站建压到偏航系统压力为 175.7bar，偏航压力恢复正常。

2. 排查结论

经过排查，得出故障原因是液压站的偏航减压阀出现机械故障，导致偏航压力无法达

项目4 液压系统故障处理

到正常范围，偏航压力变送器将低压力反馈到模块，模块接收到转化过的低电压信号，从而报出偏航压力异常故障。

4.1.5 更换故障元器件

1）到达机舱，断开液压站的供电保护开关104Q3。

2）更换模块时，断开机舱子站24V电源供电开关109F9、109F11，用万用表直流挡测量是否无电压。

3）用内六角扳手将截止阀（13）、（8）旋松，将液压站泄压，以免在拆卸减压阀时喷油或者造成人员伤害。

4）用开口扳手拆卸偏航制动减压阀（11）。

5）将完好的偏航制动减压阀装回原位并紧固。

6）用内六角扳手将截止阀（13）、（8）旋紧。

7）闭合保护开关104Q3及子站24V电源供电开关109F9、109F11。

4.1.6 故障处理结果

完成故障元器件更换之后，进行手动偏航测试，同时观察网页监控的液压系统压力。在偏航时，偏航余压为20bar，在正常压力范围（16～24bar）内；停止偏航时，偏航系统压力为175.7bar，在正常压力范围（170～180bar）内。再进行网页自动偏航测试，测试结果与手动偏航一致，偏航功能及偏航压力皆正常，机组恢复运行。

参考资料：

[1]《金风2.0MW机组主控系统故障解释手册》.

[2] 2.0MW机舱柜Ⅰ型电气原理图.

[3]液压站原理图.

任务 4.2 液压泵无反馈故障处理

4.2.1 故障信息

某项目 5 号机组报出液压泵无反馈故障,远程查看机组网页监控故障界面,故障显示如图 4.2.1 所示。

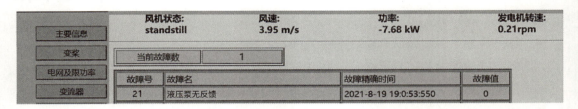

图 4.2.1 故障显示

4.2.2 故障原因分析

在进行故障分析之前需要准备相应的参考资料,包括 2.0MW 机组电气原理图、《金风 2.0MW 机组主控系统故障解释手册》、故障文件(B 文件和 F 文件)。

1. 故障释义

液压泵是机组中提供液压助力的装置,也是一个密封装置,在机组中主要为偏航系统提供偏航压力,为叶轮刹车装置和锁定装置提供液压助力。机组报出的液压泵无反馈故障,是在非低穿状态下,主控 PLC 发出偏航液压系统使能信号后,液压站压力开关状态与液压站启动反馈信号状态持续 4s 不一致,或者持续 4s 未收到液压站反馈信号,但液压系统压力低于 160bar。

图 4.2.2 所示是《金风 2.0MW&2.XMW 机组主控系统故障解释手册》中对于液压泵无反馈故障的解释,包括故障代码、故障名称及触发条件等。

2. 液压站运行原理

液压站的运行原理如图 4.2.3 所示。

1)将截止阀(13)、(8)关闭,开启截止阀(18)。

2)偏航刹车回路:液压泵(1.1)提供的压力经过单向阀(4),再经过偏航制动减压阀(11)、截止阀(18)后,由单向阀(16.5)进入偏航刹车换向阀(16.2),进行偏航制动。

3)叶轮锁定回路:压力经过单向阀(4),一部分提供偏航压力,另一部分到达转子

项目 4　液压系统故障处理

故障号	故障名称				故障变量					
	液压泵无反馈				error_hydraulic_motor_feedback					
21	故障使能	不激活字	设置不激活字	容错类型	故障值	极限值	故障值延时时间	容错时间	极限频次	容错时间 2	极限频次 2
	TRUE	4	0	0	1.000	1.000	t#4s	t#0ms	0	t#0ms	0
	允许自复位次数	复位值	复位时间	允许远程复位次数	长周期允许远程复位次数	长周期统计时间	警告停机等级	故障停机等级	启动等级	偏航等级	预留
	0	0.00	t#2.5m	0	7	t#168h	0	3	2	15	TRUE
	故障触发条件										
	非低穿状态下,主控 PLC 发出偏航液压系统使能信号后,液压站压力开关状态与液压站启动反馈信号状态持续 4s 不一致,或者持续,4s 未收到液压站反馈信号,但液压系统压力低于 160bar										
	Error Name										
	Error_hydraulic_motor feedback signal loss										

图 4.2.2　故障解释

制动减压阀（12），再经过单向阀（19.3）后到达转子制动手阀（19.6）进行转子制动。压力经过转子制动手阀后到达叶轮锁定减压阀（13），经过单向阀（4.2）后到达叶轮锁定电磁换向阀（22），经过压力换向推动锁定销进销与退销。

3. 故障原理

液压泵运行反馈的原理如图 4.2.3 所示。在液压泵启/停控制回路中可以看到，液压泵正常运行需要同时满足触发 117K4 的辅助触点 14、11 和 104Q3 的辅助触点 13、14 吸合，以及 117K3 线圈得电这三个条件。117K2 线圈得电后辅助触点 13、14 吸合，才能将信号反馈到模块 140DI12 的 5 号端口。

当 117K2 的辅助触点 13、14 无法吸合，或者启/停回路中某一个节点无法吸合时，模块 140DI12 的 5 号端口无信号输入，就会报出液压泵无反馈故障。

4. 故障的影响

液压泵无反馈故障的影响主要分为以下三个方面：

1）导致机组故障停机，造成发电量损失。

2）报出此故障之后，机组无法进行正常偏航动作，叶轮刹车与叶轮锁定销也不能动作。

3）液压泵有可能无法建压，机组在失去偏航压力后，如果遇到大风天气，会导致机组飞车等危险情况发生。

5. 故障触发原因分析

根据液压泵的运行原理，梳理出液压泵无反馈的原因有以下几个：

1）液压泵的供电回路出现异常，导致液压泵无法运行。

2）液压泵启停回路中的元器件损坏，如继电器 117K4、117K2 损坏，以及液压泵启动保护开关损坏。

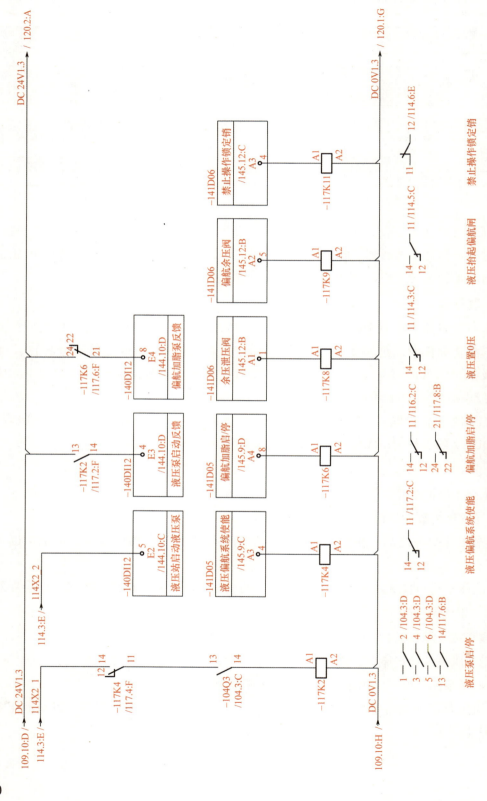

图 4.2.3 液压泵启/停原理

项目 4　液压系统故障处理

3）机舱子站中的 140DI12（KL1104）、141DO5（KL2134）模块异常。

4）液压泵启/停及反馈回路中的某一处接线出现虚接等情况。

根据对液压泵无反馈的原因的分析，结合机组运行机理，确定故障排查的步骤如下：

1）在机组维护模式状态下，观察网页监控除了报出液压泵无反馈故障外是否还报出其他故障，判断这些故障是否存在联系。

2）进行液压站的功能测试，如先进行机组的叶轮刹车及偏航操作，初步判断液压系统是否存在功能的缺失。

3）通过以上两个步骤的初步判断，根据故障处理的简繁程度安排处理的先后顺序，如先检查液压系统的接线和供电情况，再检查模块及继电器的触点等。

4）进行液压站本体的系统检查，检查阀体是否存在损坏，压力继电器是否存在失效等情况。

6. 故障文件 F 文件分析

在 F 文件中液压系统的状态显示如图 4.2.4 所示。液压站的系统压力和偏航压力均正常，但是液压系统的反馈出现异常。

hydraulic							
profi_in_hydraulics_feedback	off	profi_out_hydraulic_yaw_system_enable	off	profi_in_hydraulic_activate_hydraulic_motor	off		
profi_out_hydraulic_lift_yaw_brake	off	profi_in_hydraulic_oil_level_ok					
hydraulic_system_pressure	209.73 bar	yaw_pressure	174.32 bar				

图 4.2.4　F 文件液压系统状态信息

7. 故障文件 B 文件分析

在故障文件 B 文件中没有关于液压泵反馈的变量信息记录，所以 B 文件的内容不具有参考意义。

8. 故障分析结论

综合故障分析和实际的故障表现，对可能的故障原因逐一进行分析，见表 4.2.1。

表 4.2.1　故障原因分析

序号	故障表现	故障原因分析	依据
1	液压泵无动作	1）液压泵供电回路异常 2）液压泵阀体等部件异常	液压泵供电回路/液压站油路图
2	手柄操作刹车和偏航无动作	1）手柄本体出现问题 2）模块的输入信号出现问题	液压泵启/停原理图
3	140DI12 模块信号输入异常	1）模块本体异常 2）继电器 117K2 损坏，导致无信号输入	液压泵启/停原理图
4	液压偏航使能输出信号异常	1）模块 141DO5 异常 2）继电器 117K4 损坏，无信号输出	液压泵启/停原理图

4.2.3 故障排查方案制订及工器具准备

1. 故障排查方案制订

根据故障原因分析,制订故障排查方案如下:

1)检查液压站的供电回路。首先在断电情况下检查接线问题,然后检查400V电压是否存在异常。检查供电回路的同时排查供电保护开关104Q3是否正常。

2)进行叶轮刹车测试,观察模块141DO5的4号端口液压偏航系统使能信号输出是否正常,观察140DI12的5号端口液压泵反馈是否有信号输入。

3)在进行叶轮刹车等测试时,除了观察上述模块信号外,还要观察继电器117K2、117K4的动作情况,如果正常吸合,测量输出端24V电源,如果有24V输出,则继电器正常,问题在模块本身,需进行模块的倒换或更换以排除故障。

2. 工器具准备

根据故障排查方案准备排查故障所需的工器具,见表4.2.2。

表 4.2.2 工器具清单

序号	工器具名称	数量	序号	工器具名称	数量
1	万用表	1个	6	斜口钳	1把
2	开口扳手	1套	7	28件套套筒扳手	1套
3	内六角扳手	1套	8	绝缘手套	1副
4	螺丝刀	1套	9	工具包	1个
5	尖嘴钳	1把	10	绝缘胶带	1卷

3. 备件准备

根据故障排查方案准备所需的备件,见表4.2.3。

表 4.2.3 备件清单

序号	备件名称	数量	序号	备件名称	数量
1	KL1104 模块	1个	4	117K4 继电器	1个
2	KL2134 模块	1个	5	117K2 继电器	1个
3	保护开关	1个	—	—	—

4. 危险源分析

结合现场工作实际,对危险源进行分析,并制订相应的预防控制措施,见表4.2.4。

表 4.2.4 危险源分析及预防控制措施

序号	危险源	预防控制措施
1	高处坠落	进入现场,工作人员穿好工作服及劳保鞋,戴好安全帽。开始攀爬前检查并穿好安全衣,检查助爬器控制盒及钢丝绳,攀爬前进行试坠。每到一层平台应盖好盖板,上到偏航平台先挂好双钩再摘止跌扣

项目 4 液压系统故障处理

续表

序号	危险源	预防控制措施
2	触电	电气作业必须断电、验电，确认无电后作业。在检查供电回路接线时需要断电、验电，在进行开关开合时需要戴好绝缘手套
3	物体打击	现场人员必须戴好安全帽，禁止抛接工具、抛洒杂物。地面作业人员必须远离提升机作业范围，严禁人员从提升机下通过、逗留。工具应放在工具包内，携带工具的人员应先下后上。攀爬塔筒时，及时关闭塔筒门。严禁多人在同一节塔筒内攀爬
4	精神不佳	严禁工作人员在精神不佳的状态下作业

4.2.4 排查故障点

1. 排查过程

根据制订的故障排查方案，进行故障排查：

1）先拷贝故障文件，在故障文件中截取有用信息。由 F 文件中的相关信息可知，液压泵的反馈异常，但是系统压力及偏航压力正常，因此可以排除液压泵本体异常问题。

2）故障复位。故障复位后进行液压功能测试，测试时发现液压系统功能无法实现，检查供电回路，发现供电回路正常。

3）在测试时观察模块 141DO5 的 4 号端口液压偏航系统使能信号输出正常，140DI12 的 5 号端口液压泵反馈无信号输入，初步确定液压泵反馈回路出现问题。

4）测量 140DI12 的 5 号端口的输入电压，发现无电压输入。接着向上一级排查。测量继电器 117K2 的输入电压为 24V，无输出电压，可以判定该继电器存在异常。更换该继电器本体。

更换 117K2 继电器后，再进行功能测试，液压泵运行正常，反馈正常，故障排除。

2. 排查结论

综合以上排查过程，可以判定造成该故障的原因是 117K2 继电器本体损坏，导致继电器线圈得电后辅助触点 13、14 无法吸合，无信号输入，主控系统未接收到液压泵的反馈信号，报出液压泵无反馈故障。

4.2.5 更换故障元器件

1）在进行元器件更换前断开 24V 电源供电开关 109F9、109F11，用万用表直流挡测量是否无电压。

2）拆除 117K2 继电器的 A1、A2、13、14 号线，安装新的继电器，再将 A1、A2、13、14 号线对应线标接回继电器对应端口。

3）更换完备件后，再次检查接线是否正确、牢固。清点工具，清除异物，检查完毕

风力发电机组故障处理

合上开关109F9、109F11。

4.2.6　故障处理结果

完成故障元器件更换之后，进行机组偏航、叶轮刹车与叶轮锁定测试，功能正常，机舱子站对应的功能反馈均正常。

参考资料：

[1]《金风2.0MW机组主控系统故障解释手册》.

[2] 2.0MW机舱柜Ⅰ型电气原理图.

[3] 液压站原理图.

任务 4.3　建压时间长故障处理

4.3.1　故障信息

某项目 8 号机组报出建压时间长故障，远程查看机组网页监控故障界面，故障显示如图 4.3.1 所示。

图 4.3.1　故障显示

4.3.2　故障原因分析

在进行故障分析之前需要准备相应的参考资料，包括 2.0MW 机组电气原理图、《金风 2.0MW 机组主控系统故障解释手册》、故障文件（B 文件和 F 文件）。

1. 故障释义

液压站在正常工作时通过液压泵提供压力，建压到系统压力且稳定在该系统压力则为正常。机组报出建压时间长故障的条件是，在液压泵无故障运行且在无泄压情况下，液压站建压时间大于等于 1min。

图 4.3.2 所示是《金风 2.0MW 机组主控系统故障解释手册》对于建压时间长故障的解释。

故障号	故障名称										
	建压时间长					故障变量 error_hydraulic_working_time					
	故障使能	不激活字	设置不激活字	容错类型	故障值	极限值	故障值延时时间	容错时间	极限频次	容错时间2	极限频次2
20	TRUE	4	0	0	1.000	1.000	t#1m	t#0ms	0	t#0ms	0
	允许自复位次数	复位值	复位时间	允许远程复位次数	长周期允许远程复位次数	长周期统计时间	警告停机等级	故障停机等级	启动等级	偏航等级	预留
	0	0.00	t#2.5m	0	7	t#168h	0	3	2	15	TRUE
	故障触发条件										
	无液压系统故障且无泄压动作情况下，液压站建压时间大于等于1min										

图 4.3.2　故障解释

2. 运行原理

液压站供电回路和反馈回路如图 4.3.3、图 4.3.4 所示。机组的 400V 三相供电为液压泵提供电源，闭合104Q3保护开关，104Q3的触点13、14闭合，此时接触器117K2处于断开状态。当液压偏航系统使能信号输出，117K4线圈A1端得电，117K4触点14、11闭合，此时117K2线圈得电，接触器117K2吸合，液压泵启动运行，将液压站启动反馈到140DI12模块的4号端口。

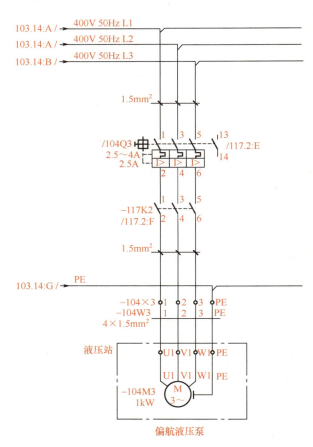

图4.3.3 液压站供电回路

如果液压泵的相序出现错误，会导致液压泵反向旋转，此时虽然液压泵反馈等状态正常，但是无法建压，就会报出建压时间长故障。

3. 液压站的运行原理

液压站的运行原理图如图4.2.3所示。在液压泵运行前，首先将截止阀（13）、（8）关闭，阻止压力回流，开启截止阀（18），让压力流向整个液压系统。在偏航系统压力单元中通过打开截止阀（18）使压力流向偏航系统，多余的压力则通过单向阀（16.6）流回油缸。在转子刹车和叶轮锁定/释放回路中，压力经过转子刹车，多余的压力经过单向阀（19.5）回到油缸；压力进入叶轮锁定/释放回路后，经过单向阀（23.3）回到油缸。

以上三个单向阀的压力最终都会汇集到油缸。在进油和回油管路之间存在截止阀（8），

项目 4　液压系统故障处理

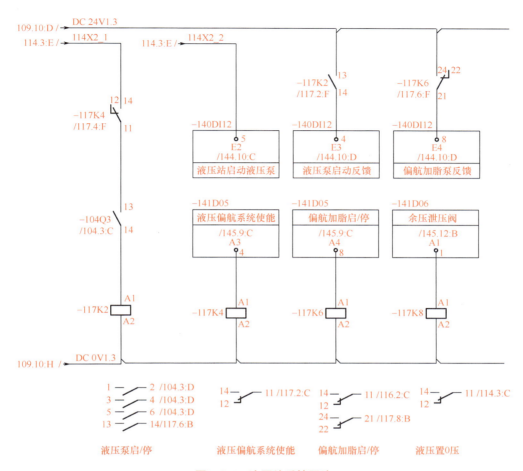

图 4.3.4　液压站反馈回路

正常情况下该截止阀是旋紧的,如果没有旋紧或者损坏,系统将无法建压到正常范围,从而长时间持续液压泵运行,就会报出建压时间长故障。

4. 故障的影响

建压时间长故障的影响主要分为以下两个方面:

1）导致机组故障停机,造成发电量损失。

2）机组报出此故障之后,液压系统无法建压,导致机组处于零压状态,遇到大风天气机舱易发生旋转,可能发生重大安全事故。

5. 故障触发原因分析

结合液压站供电、反馈回路原理及液压站的运行原理图,梳理出建压时间长故障的原因有以下几个:

1）液压泵的相序存在错误,导致液压泵反向旋转,无法建压。

2）截止阀（8）没有旋紧或者损坏,导致机组建压时主回路的压力直接流回油缸,系统无法建立正常压力。

3）液压站油位低或者存在漏油。如果油缸油位低，机组将无法建压到正常范围，长时间建压就会报故障。

4）液压站的液压油过滤器堵塞。过滤器堵塞会降低液压油的流速，从而增加建压的时间。

根据对液压站建压时间长故障的原因分析，结合液压站运行原理，确定故障排查的步骤如下：

1）在机组维护状态下测试液压站的工作是否正常。将机舱子站断电后重启，复位，此时液压站会自行建压。观察液压站的建压情况，同时观察网页监控液压系统的系统压力和偏航压力是否正常。

2）如果液压站长时间无法建压，导致机组系统压力异常，则检查液压泵的供电相序，以及液压泵是否存在反向旋转的情况。

3）排除供电相序错误情况后，检查液压站本体。先观察液压站油位，检查是否存在漏油情况，再检查三个截止阀的松紧状态。

4）如果上述情况都排除，检查液压油的过滤器是否存在堵塞情况。

6. 故障文件 F 文件分析

由故障文件 F 文件能够看出机组的系统压力和偏航系统压力都远远低于正常范围，如图 4.3.5 所示。

hydraulic					
profi_in_hydraulics_feedback	off	profi_out_hydraulic_yaw_system_enable	off	profi_in_hydraulic_activate_hydraulic_motor	off
profi_out_hydraulic_lift_yaw_brake	off	profi_in_hydraulic_oil_level_ok	on		
hydraulic_system_pressure	65.7bar	yaw_pressure	42.6bar		

图 4.3.5 F 文件液压系统信息

7. 故障文件 B 文件分析

在故障文件 B 文件中没有关于液压泵反馈的变量信息记录，所以 B 文件的内容不具有参考意义。

8. 故障分析结论

综合故障分析得出的故障表现，对可能的故障原因逐一进行分析，见表 4.3.1。

表 4.3.1 故障原因分析

故障表现	故障原因分析	依据
液压泵频繁启动	1）液压泵供电相序错误 2）液压油位低或者管路漏油 3）截止阀（13）、（8）、（18）松紧状态错误 4）过滤器堵塞	从网页监控看到机组的液压压力值在建压时无明显增加，无法建压到正常范围，在液压泵停止时压力跌落很快

项目 4　液压系统故障处理

4.3.3　故障排查方案制订及工器具准备

1. 故障排查方案制订

根据故障原因分析，制订故障排查方案如下：

1）检查液压泵的相序是否出现错误。已投产运行的机组存在相序错误的可能性较小，新调试的机组有可能存在此种情况。

2）检查液压站本体的油位及液压站是否存在漏油情况。检查漏油时，除了液压站本体，还要检查偏航、刹车、锁定销进销与退销油管。

3）检查液压站的截止阀（13）、（8）、（18）的松紧状态，如是否存在未旋紧或者未旋松的情况。

4）检查液压油过滤器。

2. 工器具准备

根据故障排查方案准备故障排查所需的工器具，见表 4.3.2。

表 4.3.2　工器具清单

序号	工器具名称	数量	序号	工器具名称	数量
1	万用表	1个	6	斜口钳	1把
2	活动扳手	1个	7	相序表	1套
3	内六角扳手	1套	8	绝缘手套	1副
4	螺丝刀	1套	9	工具包	1个
5	28件套套筒扳手	1套	—	—	—

3. 备件准备

根据故障排查方案准备所需的备件，见表 4.3.3。

表 4.3.3　备件清单

序号	备件名称	数量	序号	备件名称	数量
1	截止阀	1个	3	过滤器	1个
2	液压油	1组	4	管道接头	若干

4. 危险源分析

结合现场工作实际，对危险源进行分析，并制订相应的预防控制措施，见表 4.3.4。

表 4.3.4　危险源分析及预防控制措施

序号	危险源	预防控制措施
1	高处坠落	进入现场，工作人员穿好工作服及劳保鞋，戴好安全帽。开始攀爬前检查并穿好安全衣，检查助爬器控制盒及钢丝绳，攀爬前进行试坠。每到一层平台应盖好盖板，上到偏航平台先挂好双钩再摘止跌扣

续表

序号	危险源	预防控制措施
2	触电	电气作业必须断电、验电，确认无电后作业。验电、验相序要戴好绝缘手套
3	物体打击	现场人员必须戴好安全帽，禁止抛接工具、抛洒杂物。地面作业人员必须远离提升机作业范围，严禁人员从提升机下通过、逗留。工具应放在工具包内，携带工具的人员应先下后上。攀爬塔筒时，及时关闭塔筒门。严禁多人在同一节塔筒内攀爬
4	精神不佳	严禁工作人员在精神不佳的状态下作业
5	滑倒绊倒	更换液压站备件时，如有液压油洒到机舱平台，要用抹布擦拭干净，避免踩到油上滑倒摔伤

4.3.4 排查故障点

1. 排查过程

根据制订的故障排查方案进行故障排查：

1）在机舱平台进行故障复位，观察液压站运行情况，同时观察网页监控液压系统压力值。

2）复位后发现液压站重新建压时长超过 1min，网页又报出液压站建压时间长故障。

3）检查液压站的供电回路相序，用相序表检查相序，相序表显示 R，排除相序错误导致长时间反转无法建压的情况。

4）检查液压站的油位及管路漏油情况，发现油位正常，管路也不存在漏油的情况。

5）检查三个截止阀的松紧状态，三个截止阀的松紧状态正常。

6）检查液压油过滤器，发现过滤器比较干净，不存在堵塞的情况。

7）再排查截止阀。将三个截止阀都旋松，在液压站建压时旋紧截止阀（8），同时旋紧转子制动手阀，刹车能动作，但是无法制动。观察网页监控系统压力，此时系统压力为 60bar 左右，当液压站停止建压时系统压力也随之降低。

8）拆下截止阀（8），发现截止阀的阀体与管路的密封性降低，在进油时液压油经过截止阀（8）后回流到油缸，导致液压站无法建压。

9）更换新的截止阀后给液压站上电，按下复位按钮，液压站开始建压，同时观察网页监控系统压力等信息，发现液压系统恢复正常值，故障处理完毕。

2. 排查结论

综合以上排查过程，发现此次的故障原因是液压站的截止阀（8）与管路的密封性降低，导致液压站建压时液压油经过该截止阀后回流到油缸，压力无法达到正常范围。当液压泵工作时，压力经过单向阀（4），正常状态下一部分压力经过减压阀（11）流到偏航系统，另一部分经过减压阀（12）流到转子刹车和叶轮锁定/释放回路，由于截止阀（8）存在异常，主回路的压力从截止阀（8）流回油缸，导致偏航压力、系统压力无法完成建压，因此报出液压站建压时间长故障。

4.3.5 更换故障元器件

1）上机舱后断开液压泵供电保护开关 104Q3。
2）用 6 号内六角扳手旋松截止阀（13）、（8）、（18），使液压站完成泄压。
3）用套筒扳手拆掉截止阀（8）及其附属零件。
4）更换新截止阀，再用套筒扳手将截止阀（8）及其附属零件安装回原位。
5）闭合液压泵供电开关 104Q3。

4.3.6 故障处理结果

完成故障元器件更换之后，按下复位按钮，液压站开始建压，观察网页监控液压系统中的偏航压力、系统压力等正常，而且压力值稳定。将机舱子站断电重启，再次观察液压站的状态，没有出现长时间建压的情况，而且网页显示压力正常且稳定，液压站功能正常。

参考资料：

[1]《金风 2.0MW 机组主控系统故障解释手册》.
[2] 2.0MW 机舱柜 I 型电气原理图.
[3] 液压站原理图.

项目 5 发电机系统故障处理

目　　录

任务 5.1　发电机温度高故障处理 ……………………………………………………………… 1

任务 5.2　发电机过速 1 故障处理 ………………………………………………………………… 8

任务 5.3　发电机散热风道温度传感器异常故障处理 ……………………………………… 19

任务 5.1　发电机温度高故障处理

5.1.1　故障信息

某项目 2 号机组报出发电机温度高故障后停机,远程查看机组网页监控故障界面,显示发电机温度高故障,故障代码为 63。

5.1.2　故障原因分析

在进行故障分析之前需要准备相应的分析与参考资料,包括金风 2.0MW 机组电气原理图、《金风 2.0MW 机组主控系统故障解释手册》、故障文件(B 文件和 F 文件)。

1. 故障释义

发电机温度高故障名称为 Error_generator_temperature_high,故障触发条件为:发电机两分钟温度平均值(共 12 个温度测量点)的最大值持续 4s 大于等于 150℃。

以金风 2.0MW 机组为例,发电机温度高故障的故障代码、故障名称、故障触发条件见表 5.1.1。

表 5.1.1　故障代码、名称和触发条件

故障代码	故障名称	故障触发条件
63	发电机温度高	发电机两分钟温度平均值(共 12 个温度测量点)的最大值持续 4s 大于等于 150℃

2. 发电机测温原理

金风 2.0MW 直驱发电机结构如图 5.1.1 所示。

图 5.1.1　发电机结构

转子是超强永磁体，没有温度监测元件；定子是铜线圈，均匀分布有PT100测温点共计12个。

PT100温度传感器共14个，出厂前已经嵌入发电机定子线圈本体，实际使用12个，2个备用。发电机引出线后经过测温线集成接线盒形成线束传输到机舱控制柜，最终由控制柜中的倍福模块KL3204检测12个PT100温度传感器的模拟量信号。

发电机温度线集成接线盒如图5.1.2所示。

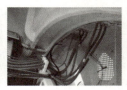

图5.1.2　发电机测温盒

发电机测温回路中共有14个测温点，其中71D槽1U相温度传感器和217槽2W相温度传感器为备用温度传感器，如图5.1.3所示。发电机测温回路对应到倍福模块的接线图如图5.1.4所示。

3. 温度传感器PT100介绍

PT100温度传感器是利用导体铂（Pt）的电阻值随温度的变化而变化的特性测量温度的。通常这种温度传感器可以测量-200～500℃的温度，而且在这个温度范围内铂的电阻值和温度具有良好的线性关系，如图5.1.5、图5.1.6所示。

当发电机温度升高，PT100输出的电阻值变大，KL3204模块采集到的电阻信号变化，主控系统检测到温度最大值持续4s大于等于150℃，立刻控制机组执行故障停机。

KL3204为四通道模拟量输入模块标配的温度传感器型号为PT100。

故障LED1～4指示模块所连4路铂电阻传感器的状态如下。

故障LED1亮：+R1与-R1短路或者断线报警，电阻不在输入范围内。

故障LED2亮：+R2与-R2短路或者断线报警，电阻不在输入范围内。

故障LED3亮：+R3与-R3短路或者断线报警，电阻不在输入范围内。

故障LED4亮：+R4与-R4短路或者断线报警，电阻不在输入范围内。

故障LED1～4灭：正常工作。

项目 5　发电机系统故障处理

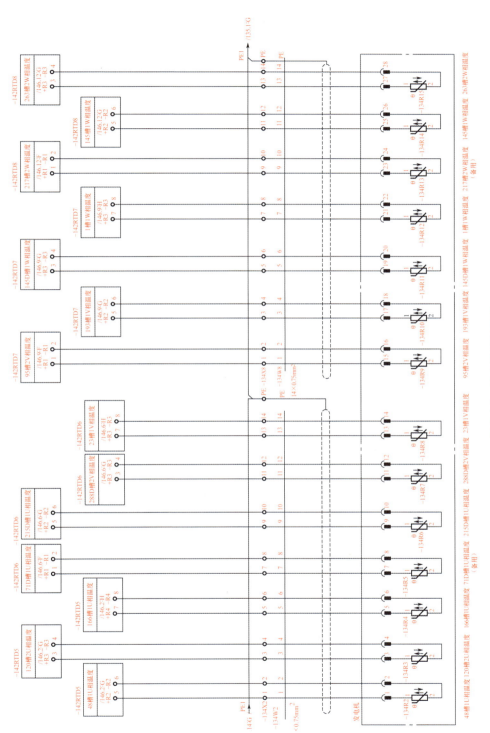

图 5.1.3　发电机测温回路

图 5.1.4　发电机测温回路倍福模块接线图

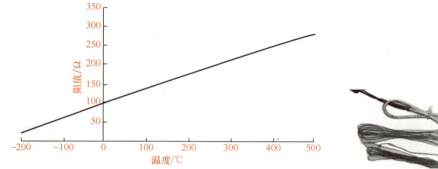

图 5.1.5　PT100 温度传感器电阻值与温度关系曲线　　图 5.1.6　PT100 温度传感器

故障诊断：检查 +R1 与 -R1、+R2 与 -R2、+R3 与 -R3、+R4 与 -R4 之间输入设备是否有损坏。

4. 故障的影响

发电机温度高故障的影响主要分为以下两个方面：

1）导致机组故障停机，造成发电量损失。

2）发电机温度高，可能导致发电机定子铜线圈绝缘失效和发电机转子磁钢磁性衰减，甚至发电机本体失效。

5. 故障触发原因分析

根据发电机温度采集的原理，梳理发电机温度高的原因有以下几个：

1）KL3204 模块损坏。

2）发电机温度传感器损坏。

3）发电机温度传感器到模块线路虚接。

4）发电机散热风扇故障。

6. 故障分析结论

结合故障分析得出的故障表现，对可能的故障点逐一进行分析，见表 5.1.2。

项目 5 发电机系统故障处理

表 5.1.2 可能的故障点分析

序号	故障表现	故障点推测	依据
1	KL3204 模块损坏	模块失效，导致采集信号不真实	监控显示发电机温度没有变化，小数点后两位保持不变
2	发电机温度传感器损坏	PT100 温度传感器失效	监控显示发电机温度值为 850℃
3	发电机温度传感器到模块线路虚接	接线松动或者线磨损	监控显示温度变化异常跳变或不连续
4	发电机散热风扇故障	发电机散热风扇不运行，导致发电机运行产生的热量无法发散	监控显示温度正常，复位无故障，运行一段时间后报故障，上机舱检查发现无法启动散热风扇

5.1.3 故障排查方案制订及工器具准备

1. 故障排查方案制订

根据故障原因分析，制订故障排查方案如下：

1）排查 KL3204 模块是否损坏。和正常的 KL3204 模块倒换，看故障是否转移，若故障转移则可确定模块损坏，否则执行下一步。

2）排查发电机温度传感器是否损坏。打开发电机测温线集成接线盒，用万用表电阻挡测量 PT100 温度传感器红线和白线之间的电阻，如果电阻无穷大或与其他组 PT100 阻值偏差大于 10Ω，则说明温度传感器存在故障，倒换备用温度传感器，否则执行下一步。

3）排查发电机温度传感器到模块线路是否虚接。扯动机舱柜和测温盒接线端子，一般的松动、虚接都能排查出来，重新紧固接线，否则执行下一步。

4）排查发电机散热风扇故障。向发电机散热风扇下达低速度运行命令，检查散热风机运行方向和速度；向发电机散热风扇下达高速度运行命令，检查散热风机运行方向和速度。若有异常，检查供电回路，或者更换发电机散热风机。

2. 工器具准备

根据故障排查方案准备故障排查所需的工器具，见表 5.1.3。

表 5.1.3 工器具清单

序号	工器具名称	数量	序号	工器具名称	数量
1	万用表	1 个	5	斜口钳	1 把
2	内六角扳手	1 套	6	绝缘手套	1 副
3	螺丝刀	1 套	7	工具包	1 个
4	尖嘴钳	1 把	8	绝缘胶带	1 卷

3. 备件准备

根据故障排查方案准备所需的备件，见表 5.1.4。

表 5.1.4 备件清单

序号	备件名称	数量	序号	备件名称	数量
1	KL3204 模块	1 个	2	PT100 温度传感器	1 个

4. 危险源分析

结合现场工作实际，对危险源进行分析，并制订相应的预防控制措施，见表 5.1.5。

表 5.1.5 危险源分析及预防控制措施

序号	危险源	预防控制措施
1	高处坠落	进入现场，工作人员穿好工作服及劳保鞋、戴好安全帽。开始攀爬前检查并穿好安全衣，检查助爬器控制盒及钢丝绳，攀爬前进行试坠。每到一层平台应盖好盖板，上到偏航平台先挂好双钩再摘止跌扣
2	触电	电气作业必须断电、验电，确认无电后作业。叶轮锁定后才能进行发电机温度及相关检查，否则有触电危险
3	机械伤害	发电机散热风机测试，人员应离开旋转部位
4	物体打击	现场人员必须戴好安全帽，禁止抛接工具、抛洒杂物。地面作业人员必须远离提升机作业范围，严禁人员从提升机下通过、逗留。工具应放在工具包内，携带工具的人员应先下后上。攀爬塔筒时，及时关闭塔筒门。严禁多人在同一节塔筒内攀爬
5	精神不佳	严禁工作人员在精神不佳的状态下作业

5.1.4 排查故障点

根据故障排查方案进行故障排查：

1）远程复位，运行一段时间后故障再次报出，表明不是机组误报故障。记录该问题，并在定期检修期间重点检查接线情况。

2）现场停机，切换至维护状态，上塔根据故障排查方案执行排查流程。

5.1.5 更换故障元器件

更换 KL3204 模块或故障排除后，下塔启动机组运行 30min，观察发电机 12 个温度测量点是否升温一致、温度偏差小于 25℃，并显示温度是时刻变化的。

恢复正常运行后，工作人员可以离开风机，通过监控系统观察在风速大于 8m/s 时发电机的运行温度。

5.1.6 故障处理结果

启动高低速运行时，发电机散热风扇运行方向正确、转速正常，没有异常响声。大风期间发电机满载发电，12 个温度测量点升温正常，温度均未超过 150℃。

参考资料：

[1]《金风 2.0MW 机组主控系统故障解释手册》.

[2] TC3.683.049DL 机舱柜原理图.

任务 5.2　发电机过速 1 故障处理

5.2.1　故障信息

某项目 4 号机组报出发电机过速 1 故障，远程查看机组网页监控故障界面，显示发电机过速故障，报故障的叶片收回到停机位置，如图 5.2.1 所示。

Active error list			
ErrActiveCode1	60#Error generator over speed fault 1#	ErrActiveTime1	2021-03-06-10:56:15.483
ErrActiveCode2	null	ErrActiveTime2	null
ErrActiveCode3	null	ErrActiveTime3	null
ErrActiveCode4	null	ErrActiveTime4	null
ErrActiveCode5	null	ErrActiveTime5	null

图 5.2.1　故障显示

5.2.2　故障原因分析

在进行故障分析之前需要准备相应的分析与参考资料，包括金风 2.0MW 机组电气原理图、《金风 2.0MW 机组主控系统故障解释手册》、故障文件（B 文件和 F 文件）。

1. 故障释义

设置发电机过速故障的目的是保障机组不发生飞车事故。金风 2.0MW 机组发电机过速保护设定值是额定转速的 1.2 倍，当运行转速超过保护转速时安全链动作，机组报故障停机，桨叶及时收回。金风 2.0MW 机组风机保护转速是 15.8r/min。

发电机过速 1 故障触发机制：经过滤波的发电机转速最大值（GW-speed 测量值与 overspeed 测量值的最大值）大于初始化文件中设置的 init_generator_speed_critical_limit 数值与限转速设置值二者中的较小值。初始化文件是机组调试期间根据研发工程师下发的文件人为设定的，而限转速设置值包括网页监控设定限制转速及程序给定的限制转速。

以金风 2.0MW 机组为例，发电机过速故障代码、故障名称、故障触发条件见表 5.2.1。

表 5.2.1　故障代码、名称和触发条件

故障代码	故障名称	故障触发条件
60	发电机过速 1	经过滤波的发电机转速最大值（GW-speed 测量值与 overspeed 测量值的最大值）大于初始化文件中设置的 init_generator_speed_critical_limit 数值与限转速设置值二者中的较小值
61	发电机过速 2	发电机转速最大值（GW-speed 测量值与 overspeed 测量值的最大值）大于初始化文件中设置的 init_generator_speed_em_stop_limit 数值
92	安全链过速	过速模块 1 或过速模块 2 的任一个过速继电器动作，输出低电平信号

项目 5　发电机系统故障处理

2. 发电机测速原理

发电机的测量转速分为 GW-speed 测量转速和接近开关测量转速。

（1）GW-speed 测量转速

GW 测速回路由两个模块组成，即电压转换模块（GW-pot）和信号处理模块 (GW-speed)，直接测量机侧电压（690V），经模块处理后转换为与转速成正比的 0～10V 电压信号送入 PLC。GW 测速模块拓扑结构如图 5.2.2 所示，模块端子如图 5.2.3 所示。

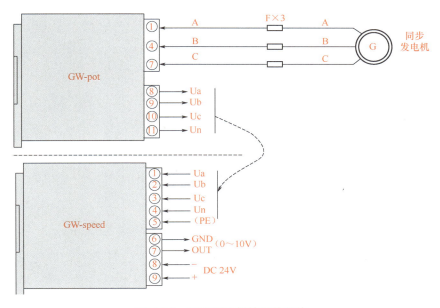

图 5.2.2　GW 测速模块拓扑结构

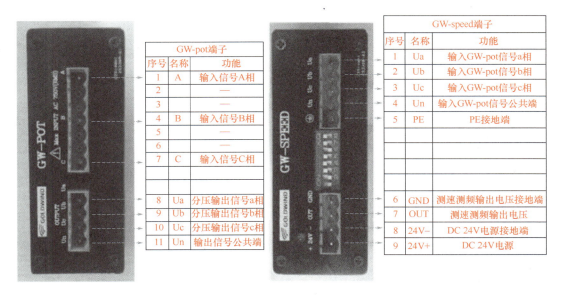

图 5.2.3　GW 测速模块端子

9

简单地说，发电机输入三相交流信号，经过模块 GW-pot 电阻分压，720V 的电压降低为安全电压，模块 GW-speed 进行信号调理与转速变换后输出一个 0～10V 的电压模拟量信号，主控 PLC 通过倍福模块测量发电机的三相电压及频率，主控系统就可以计算出发电机的实际转速值。

GW-speed 测速模块电路原理图如图 5.2.4 所示。

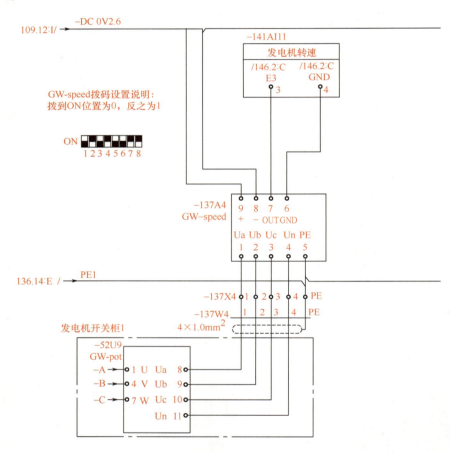

图 5.2.4　GW-speed 测速模块电路原理图

（2）接近开关测量转速

在发电机主轴承前端安装有两个接近开关，叶轮转动带动光栅盘转动，触发接近开关闪烁，产生信号。传感器距转速盘（2.5±0.5）mm。齿形盘一周齿面均平整光洁，无变形。

接近开关测量发电机轴承齿形盘，获得一组正比于发电机转速的脉冲信号，送入 overspeed 模块，由 overspeed 模块转换为 0～10V 的电压信号后送入 PLC，计算出发电机转速，如图 5.2.5 所示。

项目 5　发电机系统故障处理

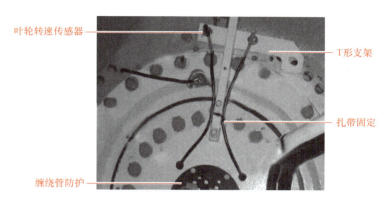

图 5.2.5　变桨系统主回路

接近开关测量转速电路原理图如图 5.2.6 所示。

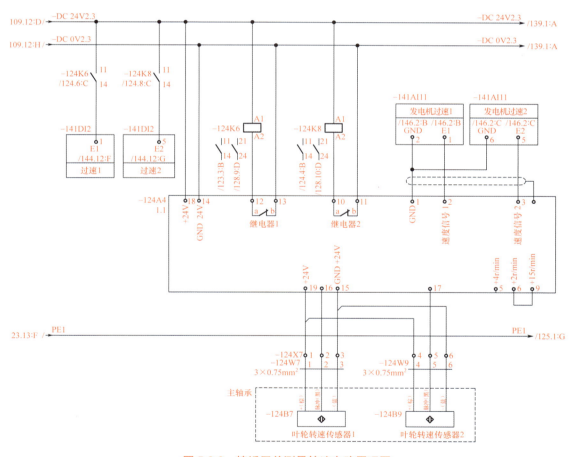

图 5.2.6　接近开关测量转速电路原理图

3. 转速测量基本原理

overspeed 模块用于机组安全链的过速保护，安装在机舱柜内。过速模块能判断发电机当前转速是否超过设定值，并将结果输出至节点信号。继电器 1 对应 Pulse1，当 Pulse1 过大时，继电器 1 动作，常开触点打开；继电器 2 对应 Pulse2。转速保护阈值是动态可调的，以适应不同的转速保护设置。

金风 2.0MW 机组采用的过速模块型号为 overspeed 1.0，如图 5.2.7 所示。

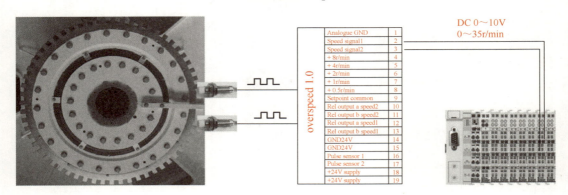

图 5.2.7　overspeed 模块

overspeed 模块接口不同的过速端子短接状态对应不同的过速值，公共端悬空状态下过速设置值为 15r/min，若短接其他端子则增加对应的数值。金风 2.0MW 121/2000 机组设置的过速值为 15.8r/min，因此短接端子 9 和 8，见表 5.2.2。

表 5.2.2　各短接端子设定的过速值

公共端（9）端子短接至端子	过速值/(r/min)	公共端（9）端子短接至端子	过速值/(r/min)
无短接	15	6	2.0
8	0.5	5	4.0
7	0.5	4	8.0

接近开关是一种无需与运动部件进行直接的机械接触就可以操作的位置开关，当物体接近开关的感应面到动作距离时，不需要机械接触及施加任何压力即可使开关动作，从而驱动直流电器或向计算机（PLC）发出反馈信号。接近开关有电容式、电感式、霍尔式，其中应用最广泛的是电感式。接近开关又称为无触点接近开关，是理想的电子开关量传感器。当金属检测体接近开关的感应区域，开关就能无接触、无压力、无火花、迅速发出电气指令，准确反映运动机构的位置和行程。接近开关广泛地应用于机床、冶金、化工、轻纺和印刷等行业，在风力发电系统中可用于发电机转速检测、桨叶位置检测、偏航位置和偏航速度检测等。

金风风力发电机组现用的接近开关规格型号有倍加福 NBB8-18GM50-E2-V1-Y220132、欧姆龙 E2A-M18LS08-M1-B1。

接近开关的引脚分布如图 5.2.8 所示，引

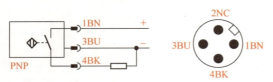

图 5.2.8　接近开关引脚分布

脚定义见表 5.2.3。

表 5.2.3 接近开关引脚定义

序号	引脚号	引脚含义	序号	引脚号	引脚含义
1	1	BN（+24V）	3	3	BU（0V）
2	2	NC	4	4	BK（信号输出）

接近开关接线采用三线制（24V、0V、singal），规格为 M18，感应距离为 8mm，设定距离为 3～6mm。接近开关类型为 PNP 型，动作形态为常开，当检测到金属后，动作灯（黄灯）点亮，输出脉冲信号。金风 2.0MW 机组主控系统中转速测量就采用了接近开关作为传感器。

4. 故障的影响

发电机过速 1 故障的影响主要分为以下两个方面：

1）导致机组故障停机，造成发电量损失。

2）机组报出此故障之后，机组荷载变大，部分机组存在叶片扫塔情况，在风速较大的情况下存在叶轮飞车等设备安全隐患。

5. 故障触发原因分析

根据发电机转速测量原理，梳理出发电机过速 1 故障的原因有以下几个：

1）发电机开关柜 52F3.1 熔断器失效。

2）发电机开关柜 52U9 GW-pot 失效。

3）机舱柜 137A4 GW-speed 失效。

4）接近开关失效或者光栅盘松动。

5）overspeed 模块失效。

6）KL3404 模块失效。

7）转速测量系统的接线松动。

8）发电机真实过速。

6. 故障文件 F 文件分析

由故障文件 F 文件能够看出机组在故障时刻现场风速为 15.62m/s，对风角度为 185.17°，如图 5.2.9 所示。

图 5.2.9 故障时刻风速

由故障文件 F 文件能够看出机组在故障时刻 GW-speed 测量转速为 15.87r/min，接近开关 1 测量转速为 15.16r/min，接近开关 2 测量转速为 15.28r/min（图 5.2.10）。由测量数据可知确实存在过速情况。

generator speed					
generator_speed_momentary	15.87 rpm	overspeed_modul_gen_speed_signal_1	15.16 rpm	overspeed_modul_gen_speed_signal_2	15.28 rpm
converter_in_speed	15.79 rpm	GenOverSpdMonitor	15.83 rpm		

图 5.2.10　故障时刻发电机转速

7. 故障文件 B 文件分析

由故障文件 B 文件能够分析机组在故障前 90s 至故障后 30s 机组主要状态参数的变化曲线（图 5.2.11～图 5.2.13）。由 B 文件可以看出：

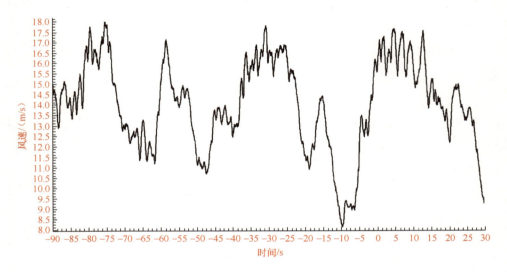

图 5.2.11　故障时刻风速

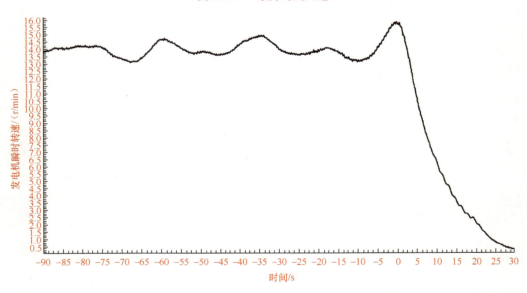

图 5.2.12　GW-speed 测量的转速

项目5 发电机系统故障处理

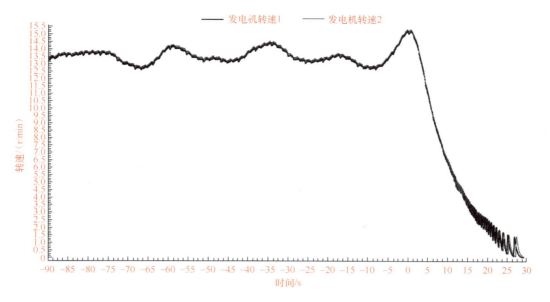

图 5.2.13 overspeed 测量的转速

1）故障前 30s 风速达到 17m/s，故障前 10s 风速降低到 8m/s，故障时刻风速又达到 17m/s，存在风速波动大的情况。

2）overspeed 测量的转速和 GW-speed 测量的转速偏差不大，初步判断转速采集回路正常。

8. 故障分析结论

根据故障分析得出的故障表现，对可能的故障点逐一进行分析，见表 5.2.4。

表 5.2.4 可能的故障点分析

序号	故障表现	故障点推测	依据
1	发电机开关柜 52F3.1 熔断器失效	发电机电压波动或者雷击，导致 52F3.1 熔断器失效	开关柜电气原理图
2	发电机开关柜 52U9 GW-pot 失效	失效导致采集信号异常	开关柜电气原理图
3	机舱柜 137A4 GW-speed 失效	失效导致采集信号异常	机舱柜电气原理图
4	接近开关失效或者光栅盘松动	接近开关固定螺栓松动，或者接近开关失效	电气接线手册及接近开关原理
5	KL3404 模块失效	倍福模块失效会导致采集信号异常	倍福模块原理图
6	发电机真实过速	风速变化太快，导致叶片来不及收回，叶片吸收的风能太大发生过速	主控产品手册

5.2.3 故障排查方案制订及工器具准备

1. 故障排查方案制订

根据故障原因分析，制订故障排查方案如下：

15

1）打开发电机开关柜，拆下 52F3.1 熔断器，使用万用表通断挡位检查是否导通。

2）更换发电机开关柜 52U9 GW-pot，启动测试看故障是否消除。

3）更换机舱柜 137A4 GW-speed，启动测试看故障是否消除。

4）检查接近开关插针是否正常，光栅盘螺栓是否固定牢靠。

5）更换 overspeed 模块，启动测试看故障是否消除。

6）倒换 141AI11 倍福模块 KL3404，查看故障是否转移。

7）检查转速测量系统连接线是否存在虚接。

8）发电机真实过速，检查没有问题后继续运行，如果报故障，需要将运行数据拷贝给后台主控部门，由其优化、更新程序。

2. 工器具准备

根据故障排查方案准备所需的工器具，见表 5.2.5。

表 5.2.5 工器具清单

序号	工器具名称	数量	序号	工器具名称	数量
1	万用表	1个	6	斜口钳	1把
2	活动扳手	1个	7	28件套套筒扳手	1套
3	内六角扳手	1套	8	绝缘手套	1副
4	螺丝刀	1套	9	工具包	1个
5	尖嘴钳	1把	10	绝缘胶带	1卷

3. 备件准备

根据故障排查方案准备所需的备件，见表 5.2.6。

表 5.2.6 备件清单

序号	备件名称	数量	序号	备件名称	数量
1	52F3.1 熔断器	3个	4	接近开关	2个
2	GW-pot	1个	5	overspeed 模块	1个
3	GW-speed	1个	6	倍福模块 KL3404	1个

4. 危险源分析

结合现场工作实际，对危险源进行分析，并制订相应的预防控制措施，见表 5.2.7。

表 5.2.7 危险源分析及预防控制措施

序号	危险源	预防控制措施
1	高处坠落	进入现场，工作人员穿好工作服及劳保鞋，戴好安全帽。开始攀爬前检查并穿好安全衣，检查助爬器控制盒及钢丝绳，攀爬前进行试坠。每到一层平台应盖好盖板，上到偏航平台先挂好双钩再摘止跌扣

项目5 发电机系统故障处理

续表

序号	危险源	预防控制措施
2	触电	电气作业必须断电、验电，确认无电后作业。开关柜内的作业需要锁定叶轮、放电，防止发电机转动带电触电
3	机械伤害	进入叶轮必须锁定好机械锁。变桨和偏航时，严禁未得到其他人的同意即操作，人员应离开旋转部位
4	物体打击	现场人员必须戴好安全帽，禁止抛接工具、抛洒杂物。地面作业人员必须远离提升机作业范围，严禁人员从提升机下通过、逗留。工具应放在工具包内，携带工具的人员应先下后上。攀爬塔筒时，及时关闭塔筒门。严禁多人在同一节塔筒内攀爬
5	精神不佳	严禁工作人员在精神不佳的状态下作业

5.2.4. 排查故障点

1. 排查过程

根据制订的故障排查方案进行故障排查：

1）远程复位，运行一段时间后故障再次报出，表明不是机组误报故障。

2）塔底复位，运行一段时间后故障再次报出，表明存在器件损坏或者线路异常，需要维护人员登机检查故障点。

3）检查发电机开关柜 52F3.1 熔断器，用万用表进行导通测试，正常。

4）检查发电机开关柜 52U9 GW-pot，正常。

5）检查机舱柜 137A4 GW-speed，正常。

6）检查是否接近开关失效或者光栅盘松动。检查发现接近开关距离光栅盘较远，调整到 2.5mm。

7）检查 overspeed 模块，正常。

8）检查倍福模块 KL3404，正常。

9）检查转速测量系统的接线，正常。

10）检查是否发电机真实过速。查看故障文件，发现风速波动较大。

2. 排查结论

综合以上排查过程，基本推断为风速变化较快，从 17m/s 到 8m/s 再到 17m/s，变化时间仅为 30s，由于风速大，叶片来不及收回，风速提升太快，叶片吸收风能太多，叶轮转速超过过速保护值，导致报发电机过速1故障。

发电机真实过速，此种情况一般伴随着发电机超发现象，属于对风机的正常保护。此种情况下故障可以在风机功率回落后实现正常复位。额定功率为 2000kW，实际功率是 2120.00kW，如图 5.2.14 所示。

grid							
grid_U1	408.31 V	grid_U2	410.03 V	grid_U3			407.96 V
grid_I1	1715.00 A	grid_I2	1713.50 A	grid_I3			1712.50 A
grid_F1	49.96 Hz	grid_F2	49.96 Hz	grid_F3			49.96 Hz
grid_P1	700.00 kW	grid_P2	702.13 kW	grid_P3			698.93 kW
grid_active_power	2101.06 kW	converter_in_power	2120.00 kW	visu_control_center_control_output_power_limit_facto			0
grid_reactive_power	0.00 kvar	converter_in_reactive_power	41.00 kvar	visu_control_remote_reactive_deman			0 kvar
global_LVRT_flag	off			visu_control_remote_limit_power_mod			0
				visu_control_reactive_mod			0
visu_control_reactive_grid_power_factor	1.00	visu_control_remote_limit_power_stop_flag	off	visu_feedback_limit_power_demand			2000 kW
visu_min_limit_power_demand	372 kW	visu_feedback_reactive_demand	0 kvar	visu_total_limit_power_mode			0
HMI_control_output_power_limit	2000 kW	HMI_control_pitch_control_speed_set_point	14.00 rpm	visu_total_limit_power_mode			0

图 5.2.14　故障时刻功率

5.2.5　更换故障元器件

本次故障未发生元器件失效,无需更换机组备件。

5.2.6　故障处理结果

上塔对所有可能的故障点进行排查,未发现异常;对机组进行并网运行测试,机组正常启动运行,通过网页监控观察叶轮转速稳定。

机组在额定转速下运行时,当风速由额定风速以上降低到额定风速左右时,桨距角也随之减小,而后风速又快速上升,桨距角开始向 90° 变化。受变桨速度的影响,在较短时间内桨距角不会有大的变化,使得转速迅速增加,达到转速设定值,报出发电机过速 1 故障。针对这个问题,在程序中加入了两个功能:①阵风检测;②桨距角控制。这样可以有效抑制阵风引起的转速急剧增加,消除故障。

参考资料:

[1]《金风 2.0MW 机组主控系统故障解释手册》.

[2] TC3.683.049DL 机舱柜原理图.

[3] TC3.605.019DL 开关柜原理图.

[4]《金风 2.0MW 机组主控系统产品使用手册》.

任务 5.3　发电机散热风道温度传感器异常故障处理

5.3.1　故障信息

某项目 39 号机组报出发电机散热风道温度传感器异常故障，远程查看机组网页监控故障界面，显示 generator_cool_fan_outlet_temp_2 为 850℃，即 2 号发电机散热风道温度为 850℃，报故障的叶片收回到停机位置。

5.3.2　故障原因分析

在进行故障分析之前需要准备相应的分析与参考资料，包括 2.0MW 机组电气原理图、《金风 2.0MW 机组主控系统故障解释手册》、故障文件（B 文件和 F 文件）。

1. 故障释义

发电机散热风道温度传感器异常故障触发条件：发电机散热风道左出风口或右出风口温度两分钟均值大于 300℃或小于 -100℃。

以金风 2.0MW 机组为例，发电机散热风道温度故障的故障代码、故障名称、故障触发条件见表 5.3.1。

表 5.3.1　故障代码、名称和触发条件

故障代码	故障名称	故障触发条件
2721	发电机散热风道温度异常升高	发电机散热风道左出风口或右出风口温度持续 10s 大于 100℃且小于 300℃时，三个时间窗口（每个时间窗口设定为 10s）温度升高的累加值大于 10℃
2703	发电机散热风道温度高	Error_gen cooling air duct temp high
2727	发电机散热风道温度传感器异常	发电机散热风道左出风口或右出风口温度两分钟均值大于 300℃或小于 -100℃

2. 发电机散热系统运行原理

发电机散热系统由两个独立的散热单元组成，每个单元主要由进风道、出风道、离心双速电动机组成，出风道内安装有 PT100 用于监测出风口温度。两个散热单元位于主轴两侧对称位置。双速电动机实现冷却风扇电动机高低速运行机制——2 极高速运行、4 极低速运行。发电机散热风机如图 5.3.1 所示。

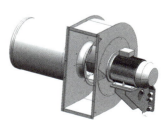

图 5.3.1　发电机散热风机

发电机散热系统运行条件见表 5.3.2。

表 5.3.2 发电机散热系统运行条件

序号	散热系统运行状态	运行条件
1	散热风机停机	发电机绕组温度 $T < 60℃$ 且绕组温升 $\Delta T < 80K$，同时磁钢温度 $t_{mg} < 50℃$
2		散热风机启动后发电机绕组温度降低为 $T < 50℃$ 且绕组温升 $\Delta T < 70K$，同时磁钢温度 $t_{mg} < 45℃$
		散热风机每次启动后要求运行 15min 后再根据以上要求判断是否停机
3	散热风机低速运行（4极）	发电机绕组温度 $T < 60℃$ 且绕组温升 ΔT 满足 $80K \leq \Delta T < 90K$
4		发电机绕组温度 $T \geq 60℃$ 且绕组温升 $\Delta T < 90K$
5		磁钢温度 $t_{mg} \geq 50℃$
6		散热风机 2 极高速运行后，当发电机绕组温度降低为 $T < 80℃$ 且绕组温升降低至 $\Delta T < 80K$，同时磁钢温度 $t_{mg} < 55℃$
7	散热风机高速运行（2极）	发电机绕组温度 $T \geq 90℃$
8		绕组温升 $\Delta T \geq 90K$
9		磁钢温度 $t_{mg} \geq 60℃$

温度检测回路如图 5.3.2 所示。

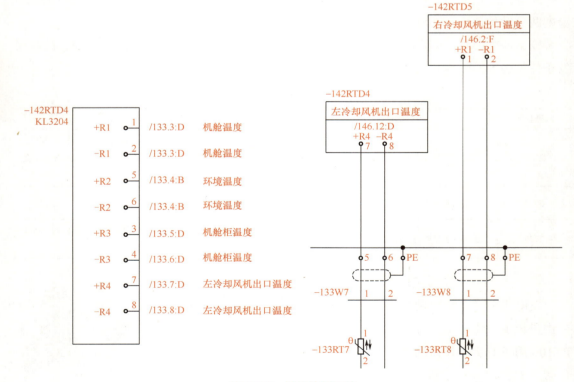

图 5.3.2 温度检测回路

左右冷却风机出口各安装一个 PT100 温度传感器，左冷却风机出口温度传感器

133RT7 和右冷却风机出口温度传感器 133RT8 通过 133W7 和 133W8 线束接到 142RTD4 模块的 1、2 和 7、8 接口。该倍福模块与主控 PLC 通信，从而主控 PLC 采集到左右冷却风机出口温度。

3. KL3204 模块介绍

金风兆瓦机组发电机散热系统的温度检测回路由 PT100、线束、KL3204 模块等几部分组成。

四通道模拟量输入端子 KL3204 如图 5.3.3 所示。

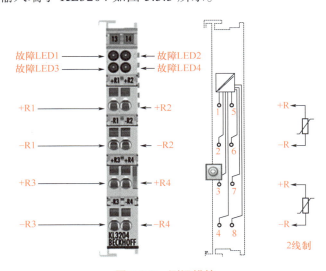

图 5.3.3　测温模块

KL3204 模块为四通道模拟量输入端子，可直接连接电阻型传感器，在机组中主要用于采集温度信号。这种模块的标准匹配为 PT100 温度传感器，温度分辨率为 0.1℃。

4. 故障触发原因分析

根据发电机散热系统温度采集的原理，梳理出发电机散热风道温度传感器异常故障的原因有以下几个：

1）模块损坏。模块损坏，会导致主控系统采集信号出错。
2）接线断线。检查接线是否松动，接触不良会导致信号时断时续。
3）PT100 温度传感器损坏。PT100 失效，会产生错误的模拟量信号。
4）真实温度高。发电机温度过高或发生火灾导致报故障。

5. 故障文件 F 文件分析

由故障文件 F 文件能够看出机组在故障时刻发电机冷却风扇出口温度 1 为 17.8℃，发电机冷却风扇出口温度 2 为 850℃，大于设定的 300℃，并且发电机散热风机低速和高速都没有使能，如图 5.3.4 所示。

generator cooling					
profi_out_gen_cool_slow_speed_on	off	.		.	
profi_in_gen_cool_low_speed_feedback	off	profi_in_gen_cool_high_speed_feedback	off	profi_out_gen_cool_high_speed_on	off
generator_cool_fan_outlet_temp_1	17.80 C	generator_cool_fan_outlet_temp_2	850.00C		

图 5.3.4　发电机冷却温度故障

由故障文件 F 文件能够看出机组在故障时刻发电机温度最高为 50.8℃，在正常范围内，如图 5.3.5 所示。

generator					
generator_temperature_1	48.50 C	generator_temperature_2	44.30 C	generator_temperature_3	37.70 C
generator_temperature_4	38.30 C	generator_temperature_5	43.80 C	generator_temperature_6	50.80 C
generator_temperature_7	49.40 C	generator_temperature_8	38.70 C	generator_temperature_9	37.70 C
generator_temperature_10	41.00 C	generator_temperature_11	0.00 C	generator_temperature_12	0.00 C
generator_front_axis_temperature_1	35.30 C	generator_front_axis_temperature_2	35.10 C	generator_rear_axis_temperature_1	21.30 C
generator_rear_axis_temperature_2	21.00 C	generator_rotor_temperature_1	0.00 C	generator_rotor_temperature_2	0.00 C
generator_rotor_temperature_3	0.00 C	generator_rotor_temperature_4	0.00 C		.

图 5.3.5　发电机温度故障

6. 故障分析结论

根据故障分析得出的故障表现，对可能的故障原因逐一进行分析，见表 5.3.3。

表 5.3.3　故障原因分析

序号	故障表现	故障原因分析	依据
1	倍福 KL3204 模块失效	电压、电流波动，导致模块失效	倍福模块产品介绍
2	接线断线	风机异常振动，接线松动	机舱电气原理图
3	PT100 温度传感器损坏	传感器老化导致失效	PT100 温度传感器原理
4	真实温度高	发电机温度高，或者火灾导致风道口温度高	查看故障文件中发电机温度情况

5.3.3　故障排查方案制订及工器具准备

1. 故障排查方案制订

根据故障原因分析，制订故障排查方案如下：

1）排查 142RTD4 模块的 1、2 和 7、8 接口，查看模块是否损坏，如损坏需替换。检查模块是否存在线路虚接。

2）检查温度采集控制回路有无线路虚接。

3）检查散热风道口处的温度传感器。拆下 PT100，用万用表检测是否失效。

4）检查发电机温度是否过高，检查机舱是否发生火灾。

2. 工器具准备

根据故障排查方案准备故障排查所需的工器具，见表 5.3.4。

项目 5　发电机系统故障处理

表 5.3.4　工器具清单

序号	工器具名称	数量	序号	工器具名称	数量
1	万用表	1 个	6	斜口钳	1 把
2	活动扳手	1 个	7	28 件套套筒扳手	1 套
3	内六角扳手	1 套	8	绝缘手套	1 副
4	螺丝刀	1 套	9	工具包	1 个
5	尖嘴钳	1 把	10	绝缘胶带	1 卷

3. 备件准备

根据故障排查方案准备所需的备件，见表 5.3.5。

表 5.3.5　备件清单

序号	备件名称	数量	序号	备件名称	数量
1	温度传感器 PT100	2 个	3	温度传感器线束	1 个
2	倍福 KL3204 模块	1 个	—	—	—

4. 危险源分析

结合现场工作实际，对危险源进行分析，并制订相应的预防控制措施，见表 5.3.6。

表 5.3.6　危险源分析及预防控制措施

序号	危险源	预防控制措施
1	高处坠落	进入现场，工作人员穿好工作服及劳保鞋，戴好安全帽。开始攀爬前检查并穿好安全衣，检查助爬器控制盒及钢丝绳，攀爬前进行试坠。每到一层平台应盖好盖板，上到偏航平台先挂好双钩再摘止跌扣
2	触电	工作中设专人监护；工作过程中工作人员穿好绝缘鞋；将电源侧断路器断开；停电后，对检修设备进行验电；停电后，对设备进行放电，防止感应电触电
3	安全工器具使用触电	使用安全工器具前对安全工器具进行检查，看安全工器具是否在合格期内；使用万用表前对表笔头进行检查，看表笔头是否有破损现象。防止在使用工器具时人员触电
4	机械伤害	散热风扇启动测试时人员应离开旋转部位
5	物体打击	现场人员必须戴好安全帽，禁止抛接工具、抛洒杂物。地面作业人员必须远离提升机作业范围，严禁人员从提升机下通过、逗留。工具应放在工具包内，携带工具的人员应先下后上。攀爬塔筒时，及时关闭塔筒门。严禁多人在同一节塔筒内攀爬
6	精神不佳	严禁工作人员在精神不佳的状态下作业
7	照明不足	在更换温度传感器时要保证照明充足，佩戴头灯或手电筒，防止照明不足影响人员判断，造成误操作等

5.3.4　排查故障点

1. 排查过程

根据故障排查方案进行故障排查和处理：

1）远程复位，运行一段时间后故障再次报出，表明不是机组误报故障。

2）塔底复位，运行一段时间后故障再次报出，表明存在器件损坏或线路异常，需要维护人员登机检查故障点。

3）倒换142RTD4倍福KL3204模块，看故障是否转移，如果故障转移，表明模块存在故障。

4）排查端子排133X3/5,6,7,8，检查是否存在松动现象。检查133W7、133W8线束是否存在故障。

5）检查发电机冷却风道和发电机本体是否发生火灾，以及发电机本体是否存在因温度过高而灼烧等现象。

6）检查PT100温度传感器，发现发电机散热风道温度传感器2存在断线的情况，如图5.3.6所示。

2. 排查结论

本次发电机散热风道温度传感器故障，是因为PT100温度传感器断线，导致主控PLC无法采集到发电机散热风道温度，断线后采集到风道温度为850℃，发电机散热风道左出风口或右出风口温度两分钟均值大于300℃，最终报出故障。

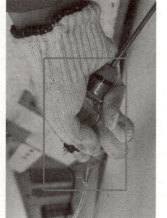

图5.3.6　PT100温度传感器断线

5.3.5　更换故障元器件

断开机舱直流开关电源109F2开关及24V供电109F9开关，使用万用表测量109F9下口电压是否为0V。

拆开散热风机风道传感器PT100，进行更换。注意穿安全衣及挂好双钩，遵循高挂低用原则。

合上机舱直流开关电源109F2开关及24V供电109F9开关，检查风道温度恢复正常，左右风道温度一致，如图5.3.7所示。

generator cooling					
profi_out_gen_cool_slow_speed_on	off	.		.	.
profi_in_gen_cool_low_speed_feedback	off	profi_in_gen_cool_high_speed_feedback	off	profi_out_gen_cool_high_speed_on	off
generator_cool_fan_outlet_temp_1	17.80 C	generator_cool_fan_outlet_temp_2	17.50C	.	.

图5.3.7　温度恢复正常

5.3.6　故障处理结果

故障处理后进行测试与验证，步骤如下：

1）两人配合，一人用手捂热拆开的温度传感器，另一人看监控界面温度是否上升，显示温度在36℃左右。

2）启动测试。工作人员下到塔底启动机组，当发电机温度超过 60℃时，发电机散热风扇低速运行，此时发电机散热风道温度应该均匀上升。测试 1 个小时后如无异常，工作人员可以离开风机。

3）升压监控，每隔一小时观察发电机散热风道温度。

综上所述，本次发电机散热风道温度传感器 2 异常故障是由于机舱发电机散热风道温度传感器 2 接线断开导致，建议后期加强温度类故障监测，检修期间重点检查该温度传感器。

参考资料：

[1]《金风 2.0MW 机组主控系统故障解释手册》.

[2] TC3.683.049DL 机舱柜原理图.

项目 6　传动系统故障处理

目 录

任务 6.1　叶轮锁定销未退出故障处理 ……………………………………………… 1

任务 6.2　发电机轴承温升高故障处理 ……………………………………………… 8

任务 6.3　 叶轮转速传感器转速异常故障处理 …………………………………… 15

任务 6.1 叶轮锁定销未退出故障处理

6.1.1 故障信息

某项目 20 号机组报出叶轮锁定销未退出故障,查看《金风 2.0MW 机组主控系统故障解释手册》可知,此故障的触发条件为叶轮释放信号状态为低电平持续 100ms。故障显示如图 6.1.1 所示。

叶轮锁定销未退出						error_rotor_not_unlocked_all				
故障使能	不激活字	设置不激活字	容错类型	故障值	极限值	故障值延时时间	容错时间	极限频次	容错时间2	极限频次2
TRUE	4	0	0	0.000	0.000	t#100ms	t#0ms	0	t#0ms	0
允许自复位次数	复位值	复位时间	允许远程复位次数	长周期允许远程复位次数	长周期统计时间	警告停机等级	故障停机等级	启动等级	偏航等级	预留
0	1.00	t#2.5m	0	0	t#0ms		3	2	0	TRUE
故障触发条件										
叶轮释放信号状态为低电平持续 100ms										

图 6.1.1 故障显示

6.1.2 故障原因分析

在进行故障分析之前需要准备相应的分析与参考资料,包括 2.0MW 机组电气原理图、《金风 2.0MW 机组主控系统故障解释手册》、故障文件(B 文件和 F 文件)。

1. 故障释义

液压系统通过各种阀和管道将压力输送给叶轮刹车及叶轮锁定销,进而实现叶轮刹车、叶轮锁定或释放等功能。液压系统整体如图 6.1.2 所示。

2. 液压系统运行原理

图 6.1.3 为锁定销液压系统原理图。

液压系统油箱将油压通过旁通阀与过滤器送至单向阀,然后由储能器进行储能,压力继电器与压力传感器负责检测油压并在压

图 6.1.2 液压系统整体

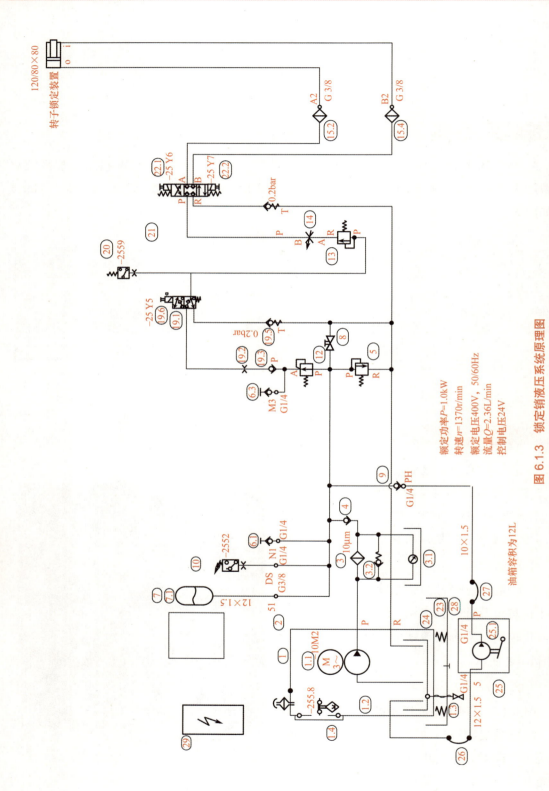

图 6.1.3 锁定销液压系统原理图

项目6 传动系统故障处理

力不足时及时给出建压信号，再由减压阀降低输出油压后输送给叶轮刹车电磁阀和叶轮锁定释放电磁阀。由图6.1.3可知，必须在叶轮刹车情况下叶轮锁定与释放电磁阀才会有油压输入，这样可以提高机组的安全性和可靠性。

3. 故障的影响

叶轮锁定销故障的影响主要分为以下两个方面：

1）导致机组故障停机，造成发电量损失。

2）机组报出此故障之后，锁定销有可能触碰到主轴承，造成轴承损坏及大部件事故。

4. 故障触发原因分析

结合液压系统及主控系统的原理，梳理出叶轮锁定销未退出故障的原因有以下几个：

1）行程开关失效，其控制单元检测到故障之后停止输出OK信号。

2）行程开关正常，叶轮锁定反馈外围连接的部件和回路出现异常（如端子排线路虚接、KL1104失效、24V直流电源输入异常），PLC接收到异常的反馈信号，导致主控PLC报故障。

3）液压系统异常，叶轮锁定电磁阀失效，在没有叶轮刹车锁定指令情况下将油压输入叶轮锁定销，导致锁定销异常进销。

4）液压系统及行程开关正常，控制回路出现异常，在机组正常情况下误输入叶轮刹车锁定指令，导致锁定销异常进销。

根据对叶轮锁定销未退出故障的原因分析，结合机组运行原理，确定故障排查的思路如下：

区分机组故障时的运行状态。如果在风机检修时报出叶轮锁定销未退出故障，则原因大多为叶轮锁定销未完全退出；如果在风机运行时报出故障，则原因多为叶轮锁定反馈外围连接的部件和回路出现异常或行程开关失效，应着重检查行程开关输入输出信号及线路是否虚接。叶轮锁定销反馈回路如图6.1.4（见下页）所示。

5. 故障文件F文件分析

由故障文件F文件能够看出机组在故障时刻液压系统各参数的状态，由此判断液压站是否正常（图6.1.5）。

hydraulic							
profi_in_hydraulics_feedback	off	profi_out_hydraulic_yaw_system_enable	off	profi_in_hydraulic_activate_hydraulic_motor	off
profi_out_hydraulic_lift_yaw_brake	off	profi_in_hydraulic_oil_level_ok			
hydraulic_system_pressure	190.96 bar	yaw_pressure	174.32 bar		

图6.1.5 液压站故障文件

6. 故障分析结论

根据故障分析得出的故障表现，对可能的故障原因逐一进行分析，见表6.1.1。

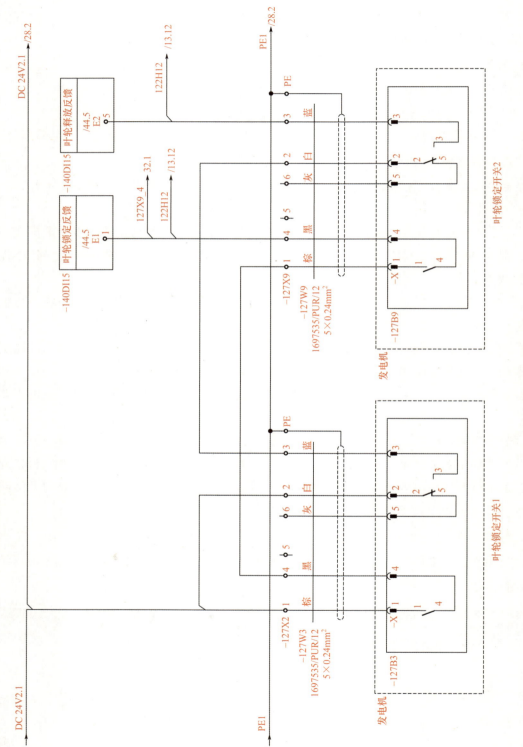

图 6.1.4 叶轮锁定销反馈回路

项目6 传动系统故障处理

表6.1.1 故障原因分析

序号	问题表现	原因分析	依据
1	行程开关失效	行程开关内部弹簧或其他功能失效,导致输入反馈异常	行程开关有24V输入,但松开叶轮时没有释放反馈
2	外围连接的部件和回路出现异常	端子排线路虚接或磨损脱落	该故障可复位消除,但很快又报出
3	液压系统异常	液压站油压在电磁阀故障情况下进入锁定销	机组正常运行状态下锁定销真实往里进入
4	PLC或模块失效	模块失效,导致采集信号不真实	即使采集量正常,有24V输入输出反馈,依然报出故障

6.1.3 故障排查方案制订及工器具准备

1. 故障排查方案制订

根据故障原因分析,制订故障排查方案如下:

1)排查行程开关是否失效。可将其拆卸下来,手动触发,通过检测输入与释放反馈两点的通断进行判断,并观察插头部分插针是否变形。

2)检查叶轮锁定反馈外围连接的部件和回路是否有虚接,24V电源是否有稳定电压。

3)检查叶轮锁定销是否在最外面。

4)倒换KL1104模块或PLC,若故障转移则可确定模块损坏。

2. 工器具准备

根据故障排查方案准备排查故障所需的工器具,见表6.1.2。

表6.1.2 工器具清单

序号	工器具名称	数量	序号	工器具名称	数量
1	万用表	1个	5	斜口钳	1把
2	活动扳手	1个	6	尖嘴钳	1把
3	内六角扳手	1套	7	绝缘胶带	1卷
4	螺丝刀	1套	8	工具包	1个

3. 备件准备

根据故障排查方案准备所需的备件,见表6.1.3。

表6.1.3 备件清单

序号	备件名称	数量	序号	备件名称	数量
1	行程开关	1个	2	KL1104模块	1个

4. 危险源分析

结合现场工作实际,对危险源进行分析,并制订相应的预防控制措施,见表6.1.4。

表 6.1.4　危险源分析及预防控制措施

序号	危险源	预防控制措施
1	高处坠落	进入现场，工作人员穿好工作服及劳保鞋，戴好安全帽。开始攀爬前检查并穿好安全衣，检查助爬器控制盒及钢丝绳，攀爬前进行试坠。每到一层平台应盖好盖板，上到偏航平台先挂好双钩再摘止跌扣
2	触电	电气作业必须断电、验电，确认无电后作业。在电容、电感及 AC2、NG5 上的作业还应在停电后进行充分放电，测量无电后操作
3	机械伤害	进入叶轮必须锁定好机械锁。变桨和偏航时，严禁未得到其他人的同意即操作，人员应离开旋转部位
4	物体打击	现场人员必须戴好安全帽，禁止抛接工具、抛洒杂物。地面作业人员必须远离提升机作业范围，严禁人员从提升机下通过、逗留。工具应放在工具包内，携带工具的人员应先下后上。攀爬塔筒时，及时关闭塔筒门。严禁多人在同一节塔筒内攀爬
5	精神不佳	严禁工作人员在精神不佳的状态下作业

6.1.4　排查故障点

1. 排查过程

根据制订的故障排查方案进行故障排查：

1）远程复位，故障立刻报出或运行一段时间后故障再次报出，表明不是机组误报故障。

2）现场停机并切换至维护模式，按照故障排查方案进行排查，发现行程开关插针变形失效（图 6.1.6）。

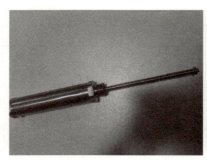 

图 6.1.6　行程开关局部

2. 排查结论

综合上述排查过程，确定故障原因为叶轮释放行程开关失效，导致机组在运行过程中行程开关有信号输入，却没有对应的叶轮释放输出，从而报故障。

本次机组报出叶轮锁定销未退出故障的根本原因为叶轮释放行程开关插头插针变形，具体表现为 24V 电压信号已经输入叶轮释放行程开关，但行程开关没有输出 24V 叶轮释放信号。插针失效的原因为线路绑扎不规范,导致对接接头长期受力不均匀,出现行程开关插针失效现象。

6.1.5 更换故障元器件

1)更换行程开关前,须将机舱24V电源断电,确保拔插圆帽插头时不会有触电危险。

2)用万用表验明无电后,将锁定销行程开关尾帽上的母头轻轻旋下,然后用活动扳手将行程开关拧下并取出。

3)安装新的行程开关并用活动扳手拧紧,然后在正确的位置插上圆帽插头,并重新绑扎。注意行程开关尾端与圆帽插头间不应存在剪切力。

4)检查所有线路均连接可靠,没有虚接、漏接现象。

5)将24V机舱电源重新上电,并观察KL1104模块输入及网页监控故障状态。

6)收拾工具,将工具包里的工具清点好,清除异物。

6.1.6 故障处理结果

完成故障元器件更换之后,进行叶轮锁定释放测试,没有出现故障误报现象,模块上的信号正常反馈。

参考资料:

[1]《金风2.0MW机组主控系统故障解释手册》.

[2] 5.2003.0545DL01_金风2.0MW机舱柜Ⅰ型电气原理图.

任务 6.2　发电机轴承温升高故障处理

6.2.1　故障信息

某项目 1 号机组报出发电机轴承温升高故障，远程查看机组网页监控故障界面，显示故障代码为 72。

6.2.2　故障原因分析

在进行故障分析之前需要准备相应的分析与参考资料，包括 2.0MW 机组电气原理图、《金风 2.0MW 机组主控系统故障解释手册》。

1. 故障释义

查看《金风 2.0MW 机组主控系统故障解释手册》可知，此故障触发条件为：环境温度大于等于 0℃时，发电机轴承温度两分钟平均值（共 4 个测量点）与机舱温度的差值（保护值）持续 4s 大于等于 50℃；环境温度小于 0℃时，该保护值为 55℃。保护值根据环境温度切换，由程序自动完成，如图 6.2.1 所示。

72	发电机轴承温升高					error_generator_axis_temperature_rise_high				
故障使能	不激活字	设置不激活字	容错类型	故障值	极限值	故障值延时时间	容错时间	极限频次	容错时间2	极限频次2
FALSE	0	0	0	50.000	50.000	t#4s	t#0ms	0	t#0ms	0
允许自复位次数	复位值	复位时间	允许远程复位次数	长周期允许远程复位次数	长周期统计时间	警告停机等级	故障停机等级	启动等级	偏航等级	预留
3	30.00	t#2.5m	3	7	t#168h	0	3	0	0	FALSE
故障触发条件										
环境温度≥0℃时，发电机轴承两分钟温度平均值（共 4 个测量点）的最大值与机舱温度差值持续 4s≥50℃；环境温度<0℃时，该保护值为 55℃。保护值根据环境温度切换，由程序自动完成										

图 6.2.1　故障解释

以金风 2.0MW 机组为例，发电机轴承温升高故障的故障代码、故障名称、故障触发条件见表 6.2.1。

表 6.2.1　故障代码、名称和触发条件

故障代码	故障名称	故障触发条件
63	发电机温度高	发电机两分钟温度平均值（共 12 个测量点）的最大值持续 4s 大于等于 150℃
65	发电机温度比较偏差大	发电机两分钟温度平均值（共 12 个测量点）的最大值与 12 个测量点中按数值大小排在第 4 位的温度值差值持续 90s 大于等于 25℃

项目 6　传动系统故障处理

续表

故障代码	故障名称	故障触发条件
72	发电机轴承温升高	环境温度大于等于0℃时，发电机轴承两分钟温度平均值（共4个测量点）的最大值与机舱温度差值持续4s大于等于50℃；环境温度低于0℃时，该保护值为55℃。保护值根据环境温度切换，由程序自动完成

2. 发电机轴承测温原理

金风 2.0MW 直驱发电机轴承测温线接点如图 6.2.2 所示，测温线工艺布局如图 6.2.3 所示。

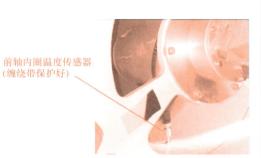

图 6.2.2　发电机轴承测温线接点

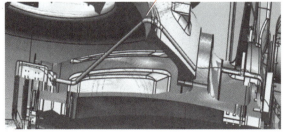

图 6.2.3　发电机轴承测温线工艺布局

PT100 温度传感器共 4 个，其中发电机前轴承测温点有 2 个，发电机后轴承测温点有 2 个。

在发电机前后轴承引出测温线后，经缠绕管保护绑扎沿走线桥布线，最后输出端口接入轮毂测控柜，由测控柜中的倍福模块 KL3204 采集 4 个 PT100 温度传感器的模拟量

9

信号。

发电机测温线电气原理图与接线端口如图 6.2.4、图 6.2.5 所示。图中共有 4 个测温点，其中 2 个位于发电机前轴承，另外 2 个位于发电机后轴承，与实际数量相符。

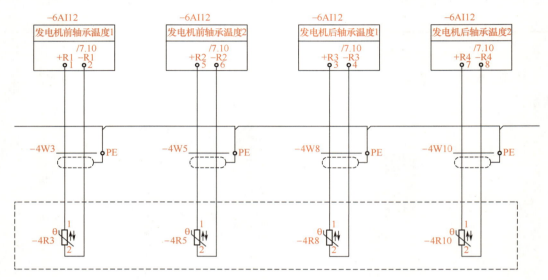

图 6.2.4　发电机测温线电气原理图

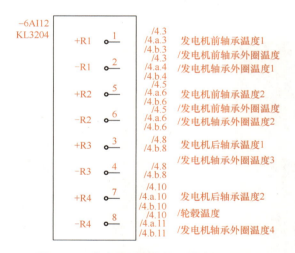

图 6.2.5　发电机测温线倍福模块接线端口

2.0MW 机组发电机轴承测温线仅接发电机前轴承温度 1、发电机前轴承温度 2 和发电机后轴承温度 1、发电机后轴承温度 2 端口。

3. 温度传感器 PT100 测温原理和 KL3204 模块简介

温度传感器 PT100 的测温原理和 KL3204 模块简介见项目 5 任务 5.1 和任务 5.3 相关内容。

4. 故障的影响

发电机轴承温升高故障的影响主要分为以下两个方面：

1）导致机组故障停机，造成发电量损失。

2）发电机轴承温度高，可能导致发电机定子铜线圈绝缘失效和发电机转子磁钢磁性衰减，甚至发电机本体失效。

5. 故障触发原因分析

根据发电机温度采集的原理，梳理出发电机轴承温升高故障的原因有以下几个：

1）KL3204 模块损坏。

2）发电机轴承温度传感器损坏。

3）发电机轴承温度传感器到模块线路虚接。

4）发电机散热风扇故障。

5）发电机轴承内部存在摩擦或发电机油脂失效。

6. 故障分析结论

根据故障分析得出的故障表现，对可能的故障原因逐一进行分析，见表 6.2.2。

表 6.2.2 故障点分析

序号	故障表现	原因分析	依据
1	KL3204 模块损坏	模块失效，导致采集信号不真实	监控显示发电机温度没有变化，小数点后两位保持不变
2	发电机温度传感器损坏	PT100 温度传感器失效	监控显示发电机温度值为 850℃
3	发电机轴承温度传感器到模块线路虚接	接线松动或者线磨损	监控显示温度变化异常跳变或不连续
4	发电机散热风扇故障	发电机散热风扇不运行，导致发电机运行产生的热量无法发散	监控显示温度正常，复位后无故障，运行一段时间后再次报故障，上机舱检查，无法启动散热风扇
5	发电机轴承内部存在摩擦或发电机油脂失效	发电机轴承温度真实升高，润滑油失效或内部摩擦产生铁屑	发电机轴承发烫，且轴承转动时不时传来异响

6.2.3 故障排查方案制订

1. 故障排查方案制订

根据故障原因分析，制订故障排查方案如下：

1）排查 KL3204 模块是否损坏。和旁边正常的 KL3204 模块倒换，看故障是否转移，若故障转移则可确定模块损坏，否则排查其他项目。

2）检查发电机轴承温度传感器是否损坏。打开轮毂测控柜，用一字螺丝刀取下 PT100 反馈线，用万用表电阻挡测量 PT100 温度传感器红线和白线之间的电阻，如果电阻无穷大或与其他组PT100阻值偏差大于10Ω，则表明温度传感器存在故障，否则排查其他项目。

3）检查发电机轴承温度传感器到模块线路是否虚接。扯动轮毂测控柜KL3204上的接线端子，看接线是否紧固，并同步观察网页监控数据是否跳变，如有异常则重新紧固接线，否则排查其他项目。

4）检查发电机散热风扇是否存在故障。向发电机散热风扇下达低速度运行命令，检查散热风机运行方向和速度；向发电机散热风扇下达高速度运行命令，检查散热风机运行方向和速度。若有异常，检查供电回路，或者更换发电机散热风机。

5）故障停机后，登机锁定叶轮，感知发电机前后轴承是否真实发烫，与网页监控数值是否一致，在松叶轮状态下叶轮转动时轴承侧是否有摩擦、异响等情况。

2. 工器具准备

根据故障排查方案准备排查故障所需的工器具，见表6.2.3。

表6.2.3 工器具清单

序号	工器具名称	数量	序号	工器具名称	数量
1	万用表	1个	5	斜口钳	1把
2	内六角扳手	1套	6	绝缘手套	1副
3	螺丝刀	1套	7	工具包	1个
4	尖嘴钳	1把	8	绝缘胶带	1卷

3. 备件准备

根据故障排查方案准备所需的备件，如表6.2.4。

表6.2.4 备件清单

序号	备件名称	数量	序号	备件名称	数量
1	KL3204模块	1个	2	PT100温度传感器	1个

4. 危险源分析

结合现场工作实际，对危险源进行分析，并制订相应的预防控制措施，见表6.2.5。

表6.2.5 危险源分析及预防控制措施

序号	危险源	预防控制措施
1	高处坠落	进入现场，工作人员穿好工作服及劳保鞋，戴好安全帽。开始攀爬前检查并穿好安全衣，检查助爬器控制盒及钢丝绳，攀爬前进行试坠。每到一层平台应盖好盖板，上到偏航平台先挂好双钩再摘止跌扣
2	触电	电气作业必须断电、验电，确认无电后作业。叶轮锁定后才能进行发电机温度相关检查，否则有触电危险
3	机械伤害	发电机散热风机测试，人员应离开旋转部位

续表

序号	危险源	预防控制措施
4	物体打击	现场人员必须戴好安全帽,禁止抛接工具、抛洒杂物。地面作业人员必须远离提升机作业范围,严禁人员从提升机下通过、逗留。工具应放在工具包内,携带工具的人员应先下后上。攀爬塔筒时,及时关闭塔筒门。严禁多人在同一节塔筒内攀爬
5	精神不佳	严禁工作人员在精神不佳的状态下作业

6.2.4 排查故障点

1. 排查过程

根据制订的故障排查方案进行故障排查：

1）远程复位，运行一段时间后故障再次报出，表明不是机组误报故障。

2）现场停机，切换至维护模式，登机锁定叶轮，用手感知发电机前后轴承并无明显发烫。

3）测试发电机散热风扇。向发电机散热风扇下达低速运行命令，检查散热风机运行方向和速度无异常；向发电机散热风扇下达高速运行命令，检查散热风机运行方向和速度无异常。

4）扯动轮毂测控柜 KL3204 模块上的接线端子，查验接线是否紧固，同时观察网页监控数据无跳变，表明不是线路虚接原因导致。

5）排查 KL3204 模块是否损坏。和旁边正常的 KL3204 模块倒换，故障未出现转移，排除模块损坏原因。

6）用一字螺丝刀取下 PT100 反馈线，用万用表电阻挡测量 PT100 温度传感器红线和白线之间的电阻，测得 PT100 温度传感器的电阻为无穷大，表明温度传感器存在故障。

2. 排查结论

综合上述排查过程，基本判断故障为 PT100 温度传感器损坏导致，PT100 温度传感器损坏或者断线的情况下阻值变成无穷大，KL3204 模块测得的温度变为 850℃，触发故障。

6.2.5 更换故障元器件

1）更换 PT100 温度传感器前，须将轮毂测控柜 24V 电源断电，确保拔插模块线路时不会有触电及模块损坏风险。

2）用万用表验明无电以后，将模块侧故障 PT100 温度传感器取下，然后从柜体侧边的圆孔取至柜外。

3）将线桥涉及的 PT100 温度传感器布线的扎带及被绑扎波纹管的扎带剪断，沿着线桥和波纹管将测温线取出,并用开口扳手拧下 PT100 温度传感器检测端螺帽。

4)安装新的 PT100 温度传感器,逆着拆卸的路径进行布线绑扎恢复,最后接入轮毂测控柜。

5)将 24V 轮毂测控柜电源重新上电,并观察 KL3204 模块输入及网页监控故障状态。

6)收拾工具,将工具包里的工具清点好,清除异物。

6.2.6 故障处理结果

更换故障元件 PT100 温度传感器后,下塔启动机组运行 30min,观察发电机 4 个轴承温度测点发现升温一致,与机舱温度差值小于 50℃,且界面显示温度是时刻变化的。

参考资料:

[1]《金风 2.0MW 机组主控系统故障解释手册》.

[2]《金风 2.0MW 产品线整机电气手册》.

任务 6.3　叶轮转速传感器转速异常故障处理

6.3.1　故障信息

某项目 5 号机组报出叶轮转速传感器转速异常故障，远程查看机组网页监控故障为叶轮转速传感器转速异常，机组处于停机状态。

6.3.2　故障原因分析

在进行故障分析之前需要准备相应的分析与参考资料，包括 2.0MW 机组电气原理图、《金风 2.0MW 机组主控系统故障解释手册》、故障文件（B 文件和 F 文件）。

1. 故障释义

叶轮转速传感器转速异常故障报出条件为：overspeed 测量的转速值与其余方式测量的转速值平均值的差值绝对值持续 2s 大于等于 2r/min。

以金风 2.0MW 机组为例，发电机过速故障代码、故障名称、故障触发条件见表 6.3.1。

表 6.3.1　故障代码、名称和触发条件

故障代码	故障名称	故障触发条件
60	发电机过速 1	经过滤波的发电机转速最大值（GW-speed 测量值与 overspeed 测量值的最大值）大于初始化文件中设置的 init_generator_speed_critical_limit 数值与转速限值二者中的较小值
61	发电机过速 2	发电机转速最大值（GW-speed 测量值与 overspeed 测量值的最大值）大于初始化文件中设置的 init_generator_speed_em_stop_limit 数值
75	1 号叶轮转速传感器转速异常	1 号 overspeed 测量的转速值与其余方式测量的转速值平均值的差值绝对值持续 2s 大于等于 2r/min
76	2 号叶轮转速传感器转速异常	2 号 overspeed 测量的转速值与其余方式测量的转速值平均值的差值绝对值持续 2s 大于等于 2r/min
92	安全链过速	过速模块 1 或过速模块 2 的任一个过速继电器动作，输出低电平信号

2. 发电机转速测量原理

该故障是将转速接近开关测量的转速与其他所有转速的平均值进行比较，2.0MW 机组发电机转速测量原理见任务 5.2 相关内容。

3. 故障的影响

叶轮转速传感器转速异常故障的影响主要是导致机组故障停机，造成发电量损失。

4. 故障触发原因分析

结合发电机转速测量的原理，梳理出叶轮转速传感器异常故障的原因有以下几个：

1）转速接近开关与转速盘距离不在标准范围内或接近开关失效。

2）外围连接的部件和回路出现异常。

3）overspeed 模块失效。

4）倍福模块 KL3404 失效。

5. 故障文件 F 文件分析

由故障文件 F 文件能够看出机组在故障时刻 1 号转速接近开关传感器测量的转速为 3.58r/min，其余的转速采样值分别为 0.34r/min、0.00r/min、0.22r/min，达到故障报出条件（图 6.3.1）。

图 6.3.1　故障时刻发电机各测量转速

6. 故障文件 B 文件分析

由故障文件 B 文件能够得出机组在故障前 90s 至故障后 30s 机组主要状态参数的变化曲线。故障前后 1 号、2 号转速接近开关传感器和发电机 GW-speed 模块及变流器测量的转速如图 6.3.2 所示。

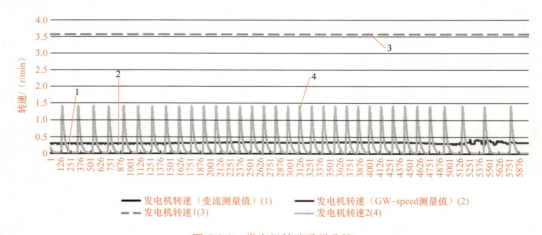

图 6.3.2　发电机转速采样曲线

由 F 文件、B 文件可以看出：1 号转速接近开关传感器测量的转速为恒定值，为 3.58r/min，除有脉冲信号的 1 号转速接近开关传感器数据以外，其余的三个采样值都在 0r/min 附近。

7. 故障分析结论

根据故障分析得出的故障表现，对可能的故障原因逐一进行分析，见表 6.3.2。

项目6 传动系统故障处理

表6.3.2 故障点分析

序号	问题表现	原因分析	依据
1	1号转速接近开关失效	接近开关向overspeed反馈的值不随脉冲变化	机舱柜电气原理图
2	机舱柜overspeed模块失效	失效导致采集信号异常	机舱柜电气原理图
3	倍福模块KL3404失效	倍福模块失效导致采集信号异常	机舱柜电气原理图

6.3.3 故障排查方案制订及工器具准备

1. 故障排查方案制订

根据故障原因分析,制订故障排查方案如下:

1)锁定叶轮,进入轮毂,用小螺丝刀来回触发接近开关,观察响应情况,并查看网页监控数据。

2)更换新的overspeed模块,在松开叶轮且叶轮转动的情况下查看机舱柜overspeed模块输入情况,并实时查看网页监控数据。

3)倒换KL3404模块,观察故障是否转移。

2. 工器具准备

根据故障排查方案准备故障排查所需的工器具,见表6.3.3。

表6.3.3 工器具清单

序号	工器具名称	数量	序号	工器具名称	数量
1	万用表	1个	5	斜口钳	1把
2	活动扳手	1个	6	尖嘴钳	1把
3	内六角扳手	1套	7	绝缘胶带	1卷
4	螺丝刀	1套	8	工具包	1个

3. 备件准备

根据故障排查方案准备所需的备件,见表6.3.4。

表6.3.4 备件清单

序号	备件名称	数量	序号	备件名称	数量
1	接近开关	1个	3	倍福KL3404模块	1个
2	overspeed模块	1个	—	—	—

4. 危险源分析

结合现场工作实际,对危险源进行分析,并制订相应的预防控制措施,见表6.3.5。

表 6.3.5　危险源分析及预防控制措施

序号	危险源	预防控制措施
1	高处坠落	进入现场，工作人员穿好工作服及劳保鞋，戴好安全帽。开始攀爬前检查并穿好安全衣，检查助爬器控制盒及钢丝绳，攀爬前进行试坠。每到一层平台应盖好盖板，上到偏航平台先挂好双钩再摘止跌扣
2	触电	电气作业必须断电、验电，确认无电后作业。在开关柜内作业时需要锁定叶轮、放电，防止发电机转动带电导致触电
3	机械伤害	进入叶轮必须锁定好机械锁。变桨和偏航时，严禁未得到其他人的同意即操作，人员应离开旋转部位
4	物体打击	现场人员必须戴好安全帽，禁止抛接工具、抛洒杂物。地面作业人员必须远离提升机作业范围，严禁人员从提升机下通过、逗留。工具应放在工具包内，携带工具的人员应先下后上。攀爬塔筒时，及时关闭塔筒门。严禁多人在同一节塔筒内攀爬
5	精神不佳	严禁工作人员在精神不佳的状态下作业

6.3.4　排查故障点

1. 排查过程

根据制订的故障排查方案进行故障排查：

1）远程复位，复位后立即报出故障，表明不是机组误报故障。

2）塔底复位，复位后立即报出故障，表明存在器件损坏或者线路异常，需要维护人员登机检查故障点。

3）接近开关测试。用小一字起子来回触发接近开关，接近开关正常闪烁，但网页监控页面 1 号接近开关采样值为 3.58r/min，更换新的接近开关后情况依旧。

4）倍福 KL3404 模块测试。与正常的 KL3404 模块倒换，故障不转移且现象依旧。

5）overspeed 模块测试。松开叶轮，在叶轮转动的情况下查看机舱柜 overspeed 模块输入情况，并实时查看网页监控数据，1 号接近开关采样值依然为 3.58r/min。更换新的 overspeed 模块后，1 号接近开关采样值开始随时间变化，且数据与其余转速采样值吻合。

2. 排查结论

综合以上排查过程，推断为 overspeed 模块失效，1 号接近开关转速模拟量不能正常输出，一直恒定在 3.58r/min，不随正常感应变化，导致机组报出故障。

6.3.5　更换故障元器件

1）更换 overspeed 模块前须将机舱 24V 电源断电，确保拆装时不会有触电风险。

2）用万用表验明无电以后，用一字螺丝刀将 overspeed 模块上的输入反馈线及端子排拆下，然后直接从机舱固定横排上用一字螺丝刀轻撬取出 overspeed 模块。

3）安装新的 overspeed 模块，并恢复端子排接线。

4）检查所有线路均连接可靠，没有虚接、漏接现象。

5）将 24V 机舱电源重新上电，并观察 overspeed 模块、KL3404 模块输入及网页监控故障状态。

6）收拾工具，将工具包里的工具清点好，清除异物。

6.3.6　故障处理结果

上塔排查完所有可能的故障后未发现异常；对机组进行并网运行测试，机组正常启动运行，通过网页监控观察叶轮转速稳定。

参考资料：

[1]《金风 2.0MW 机组主控系统故障解释手册》.

[2] TC3.683.049DL 机舱柜原理图.

[3] TC3.605.019DL 开关柜原理图.

[4]《金风 2.0MW 机组主控系统产品使用手册》.

项目 7 变流系统故障处理

目 录

任务 7.1 变流子站总线异常故障处理 …………………………………………………… 1

任务 7.2 断路器闭合故障处理 …………………………………………………………… 8

任务 7.3 IGBT 驱动异常故障处理 ……………………………………………………… 14

任务 7.4 变流器出阀压力超低故障处理 ………………………………………………… 21

任务 7.1　变流子站总线异常故障处理

7.1.1　故障信息

某项目 25 号机组报出变流子站总线异常故障，远程查看机组网页监控故障界面，故障显示如图 7.1.1 所示，故障机组的风速、风向、变桨、变流器部分信息丢失，如图 7.1.2 所示。

图 7.1.1　故障显示

Converter					
Cnv1GridInverterTemp(degC)	-50.0	Cnv1GenInverterTemp(degC)	-50.0	Cnv1GridChokeTemp(degC)	-50.0
Cnv1CabinetTemp(degC)	-50.0	Cnv1ActivePower(kW)	265.0	Cnv1ReactivePower(kVar)	-76.0
Cnv1Torque(Nm)	277030.8	Cnv1Speed(rpm)	9.11	Cnv1DCVoltage(V)	1078.0
CnvMainFaultCode	0	CnvDynamicFaultCode	0		
Cnv2GridInverterTemp(degC)	-50.0	Cnv2GenInverterTemp(degC)	-50.0	Cnv2GridChokeTemp(degC)	-50.0
Cnv2CabinetTemp(degC)	-50.0	Cnv2ActivePower(kW)	259.0	Cnv2ReactivePower(kVar)	-75.0
Cnv2Torque(Nm)	277641.0	Cnv2Speed(rpm)	9.11	Cnv2DCVoltage(V)	1079.0

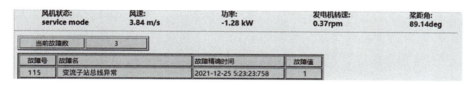

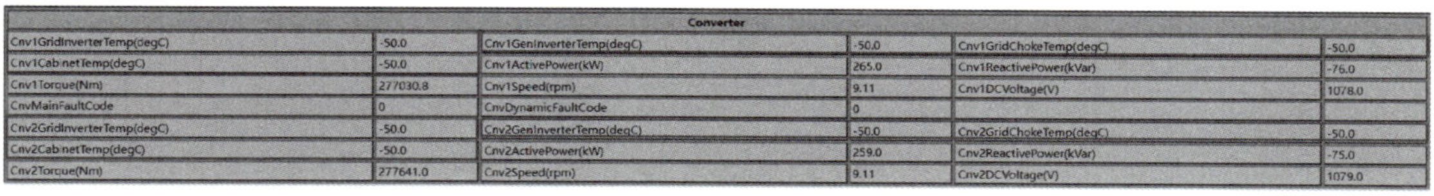

图 7.1.2　变流器部分信息丢失

7.1.2　故障原因分析

在进行故障分析之前需要准备相应的分析与参考资料，包括 3.57MW 机组电气原理图、《金风 3.57MW 机组主控系统故障解释手册》、故障文件（B 文件、F 文件、O 文件等）。

1. 故障释义

变流子站为变流器与主控 PLC 进行通信的硬件接口，它采集变流器内部的变量信息，反馈到主控通信，将主控 PLC 下达的指令信号转发给变流器内的各个控制器，并承担变流器内环境控制与预充电等控制任务。在 GW140-3570 机组上主控侧负责通信的模块是 EK6731 模块，变流端由中央控制器负责通信。

当变流的中央控制器与主控柜 EL6731 模块通信信号出现异常，则报出变流子站总线异常故障。EL6731 模块如图 7.1.3 所示，中央控制器如图 7.1.4 所示。

图 7.1.3　EL6731 模块　　　　图 7.1.4　中央控制器

2. 变流器介绍

金风自主变流器主电路采用交流—直流—交流回路，将永磁同步发电机（PMSG）发出的交流电转化为符合电网要求的交流电。EL6731 模块与中央控制器之间的通信内容包括主控 PLC 下发参考扭矩、变流反馈扭矩、变流向主控的对时请求、主控 PLC 与变流器之间的脉冲信号、主控 PLC 与变流器之间的故障信息传递等。变流器的机侧单元负责执行主控 PLC 下发的扭矩及发电机的功率控制；网侧单元负责入网电能质量，将直流电逆变为符合电网要求的交流电。直流母线系统的作用是实现机侧与网侧的分别控制，直流母线系统也是整机无功功率的分界点。

3. 金风 3SMW 机组整机通信结构

金风 3SMW 机组采用倍福 CX5130-0121 控制器作为 PLC 主站，是机组的控制核心，机舱子站、变流子站、变桨子站、轮毂测控子站、CMS 子站均采用子站模式工作，子站与主站之间的通信方式主要有 Profibus-DP 通信、光纤通信，涉及的通信回路主要有主控 EL6731 模块与变流中央控制器之间的 Profibus-DP 通信、主控 EL6022 模块与电能表之间的 RS485 串口通信、主控 EK1521 模块与机舱的 EK1501 模块之间的光纤通信、机舱 EL6731 模块与变桨子站和轮毂测控子站的 Profibus_DP 通信、机舱 EL6022 与机舱变频器之间的 RS485 串口通信等。金风 3SMW 机组整机通信结构如图 7.1.5 所示。

4. 故障的影响

变流子站总线异常故障的影响主要分为以下两个方面：

1）导致机组故障停机，造成发电量损失。

2）造成变流器不可控的风险。

5. 故障触发原因分析

变流子站总线异常属于通信类故障，不属于变流器故障，故障的主要原因包括 Profibus-DP 通信信号丢失、变流程序错误或数据丢失、变流中央控制器异常等。变流子站总线异常故障的故障解释如图 7.1.6 所示。此故障的触发条件为：变流器子站总线 DP

项目 7 变流系统故障处理

通信状态字（DpState）持续 0.1s 不为 0。

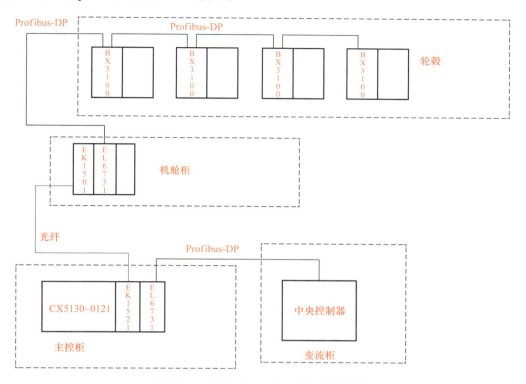

图 7.1.5 金风 3SMW 机组整机通信结构

156	—	变流器子站总线异常			Act_Err故障		Stop_ErrFastStop	
	触发值	触发延时时间（ms）	复位值	允许复位等级	自复位延时（ms）	允许自复位次数	中控复位窗口时间1（s）	中控复位窗口时间2（s）
	1	100	0	Rst_ScadaRst	150000	0	86400	604800
	容错类型	容错极限值	容错窗口时间1（s）	容错窗口时间1内允许次数	容错窗口时间2（s）	容错窗口时间2内允许次数	中控复位窗口时间1内允许复位次数	中控复位窗口时间2内允许复位次数
	Tol_NonTol	0	0	0	0	0	3	7
	触发条件	变流器子站总线DpState持续0.1s≠0。						

图 7.1.6 变流子站总线异常故障解释

DP 通信状态字的含义见表 7.1.1。

表 7.1.1 DP 通信状态字解释

值	描述
0	无故障：从站正在进行数据交换
1	从站未激活：启动过程中的一个中间状态
2	从站不存在：从站在总线上没有应答。检查从站是否上电、Profibus 插头是否接入
3	主站锁定：从站正在与另一主站进行数据交换。从总线中将另一主站移除或从站被另一主站释放
4	无效的从站应答：从站不正确的应答，当本地事件导致从站停止数据交换时临时发生
5	参数故障：检查总线耦合器 GSD 文件是否正确、从站站号是否正确及 UserPrmData 设置是否正确

续表

值	描述
7	配置故障：检查所属的端子/模块是否正确
8	从站未准备好：从站启动中，在启动时的临时显示
11	物理故障：从站应答有物理故障干扰。检查电缆
13	严重总线故障。检查电缆
18	从站就绪：启动时可能临时发生，直到任务开始

6. 故障文件 B 文件分析

由故障文件 B 文件能够得出机组在故障前 30s 至故障后 30s 机组主要状态参数的变化曲线。由 B 文件可以看出：

1）机组报出故障之后，变流器有功功率为 489kW，且为恒定值，如图 7.1.7 所示。

2）机组报出故障之后，机舱风速仪风速为 0m/s，且为恒定值，如图 7.1.8 所示。

3）机组报出故障之后，叶片桨距角为 0°，且为恒定值，如图 7.1.9 所示。

根据上述现象，初步分析故障点为主控通信故障。变流器、机舱与叶轮通信信号同时丢失的故障点一般在通信回路上的公共点。风机主控制器通信先经过 EK1521 模块，再经过 EL6731 模块，分析可能 EK1521 模块的通信影响了 EL6731 模块的通信，进而导致机组通信故障。

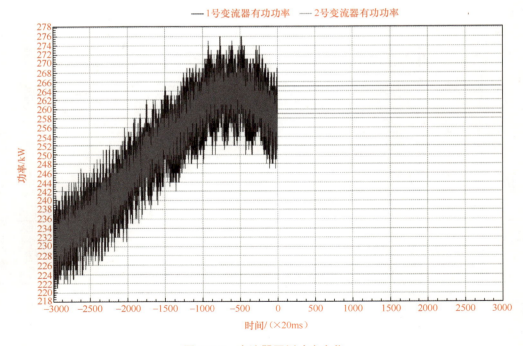

图 7.1.7 变流器网侧功率变化

项目 7　变流系统故障处理

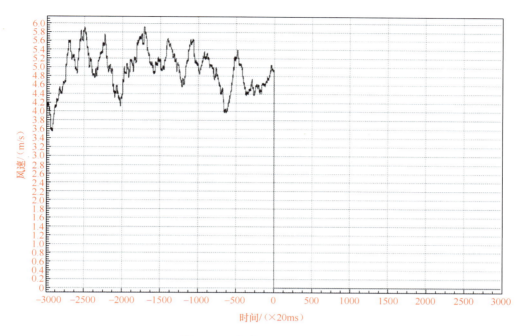

图 7.1.8　机舱风速仪风速变化

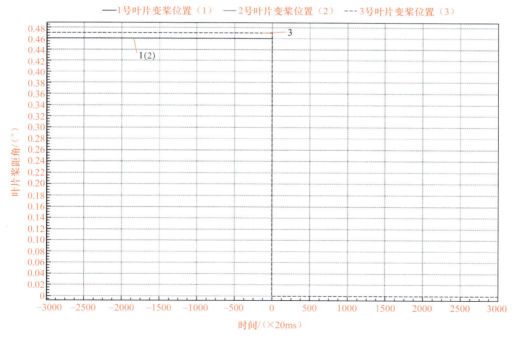

图 7.1.9　叶片桨距角变化

7. 故障分析结论

根据故障分析得出的故障表现，对可能的故障原因逐一进行分析，见表 7.1.2。

风力发电机组故障处理

表 7.1.2　故障原因分析

序号	故障表现	原因分析	依据
1	变流器通信丢失，EL6731 模块指示灯 BF 闪烁红灯	1）主控 EL6731 模块失效 2）变流中央控制器失效 3）变流软件故障	金风 3SMW 机组整机通信拓扑结构
2	变流柜 24V 电压信号丢失	变流器 24V 电源模块失效	
3	变流器通信丢失，且机舱以上通信完全丢失	EK1521 模块失效，导致通信阻塞	

7.1.3　故障排查方案制订及工器具准备

1. 故障排查方案制订

根据故障原因分析，制订故障排查方案如下：

1）排查主控柜 EL6731 模块 DP 头，拨码为 ON，摘下变流中央控制器。使用万用表测量 DP 头 3 号与 8 号引脚之间的阻值，为 220Ω 则正常。

2）使用变流后台软件 MyHMI 测试变流器功能，可以正常通信则代表正常。

3）排查主控柜 PLC 主站通信，EK1521 模块之后的通信丢失则代表异常。

2. 工器具准备

根据故障排查方案准备所需的工器具，见表 7.1.3。

表 7.1.3　工器具清单

序号	工器具名称	数量	序号	工器具名称	数量
1	万用表	1 个	4	斜口钳	1 把
2	螺丝刀	1 套	5	工具包	1 个
3	尖嘴钳	1 把	—		

3. 备件准备

根据故障排查方案准备所需的备件，见表 7.1.4。

表 7.1.4　备件清单

序号	备件名称	数量	序号	备件名称	数量
1	EL6731	1 个	3	DP 头	2 个
2	EK1521	1 组	—		

4. 危险源分析

结合现场工作实际，对危险源进行分析，并制订相应的预防控制措施，见表 7.1.5。

项目 7　变流系统故障处理

表 7.1.5　危险源分析及预防控制措施

序号	危险源	预防控制措施
1	触电	电气作业必须断电、验电，确认无电后作业
2	物体打击	现场人员必须戴好安全帽，禁止抛接工具，工具应放在工具包内
3	精神不佳	严禁工作人员在精神不佳的状态下作业

7.1.4　排查故障点

1. 排查过程

根据制订的故障排查方案进行故障排查：

1）远程复位，运行一段时间后故障再次报出，表明不是机组误报故障。

2）塔底复位，运行一段时间后故障再次报出，表明存在器件损坏或者线路异常，需要维护人员登机检查故障点。

3）分析故障文件 F 文件，发现故障时刻塔基变流器数据全部丢失。

4）分析故障文件 B 文件，发现故障时刻机舱风速仪、风向标、机舱温度、桨距角、超级电容电压等信号全部丢失，且不能恢复。

5）分析故障文件 O 文件，发现故障时刻机舱子站通信量、变桨子站通信量出现异常，没有反馈信号，但是 24V 供电正常。

6）测量 24V 电源模块的输入与输出电压正常。

2. 排查结论

综合以上排查过程，分析故障原因为 EK1521 模块失效，导致 EL6731 模块通信中断，从而导致机舱子站、三个变桨子站、轮毂测控子站通信丢失，进而报故障。

7.1.5　更换故障元器件

1）断开塔基主控柜 24V 电源。

2）更换 EK1521 模块，重新上电，恢复机组运行。

7.1.6　故障处理结果

完成故障元器件更换之后，观察变流器数据、机舱风速风向数据，未见明显数据丢失。

参考资料：

[1]《金风 3.57MW 机组主控系统故障解释手册》.

[2] 金风 PCS05 变流器 I 型电气原理图.

任务 7.2　断路器闭合故障处理

7.2.1　故障信息

某项目 1 号机组报出 1U2 断路器闭合故障，如图 7.2.1 所示。

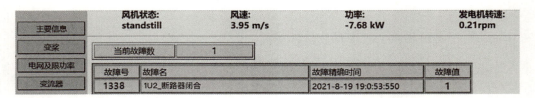

图 7.2.1　故障显示

7.2.2　故障原因分析

在进行故障分析之前需要准备相应的分析与参考资料，包括 2.0MW 机组电气原理图、《金风 2.0MW 机组主控系统故障解释手册》、故障文件（B 文件和 F 文件）。

1. 故障释义

查看《金风 2.0MW 系列变流器故障解释手册》，可知断路器闭合故障的触发条件（图 7.2.2）为：

1）合闸指令下发后，3s 未收到合闸反馈。

2）断路器闭合状态下，合闸反馈信号丢失持续时间超过 150ms。

故障代码	主控代码	故障名称	事件名称
11105	1341	1U2_断路器闭合故障	CVT_1U2_BREAKER_CLSOSE_FAILURE
	故障值	停机方式	复位方式
	—	急停	本地复位/远程复位/自复位
	故障触发条件		
	1. 合闸指令下发后，3s 未收到合闸反馈；2. 断路器闭合状态下，合闸反馈信号丢失持续>150ms		
	故障处理指导		

图 7.2.2　变流故障解释

2. 变流系统的工作原理

变流系统主电路采用交流—直流—交流回路。机侧整流单元将发电机输出的三相 690V AC 交流电转换为直流电输出到直流母线系统，通过控制发电机定子电流达到控制发电机电磁转矩的目的，同时控制了发电机转速。网侧逆变单元将直流母线系统上的直流

项目 7　变流系统故障处理

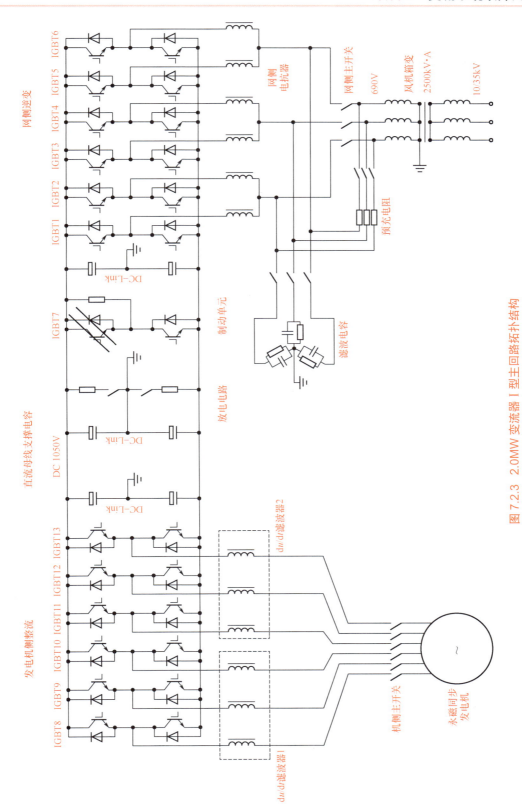

图 7.2.3　2.0MW 变流器 I 型主回路拓扑结构

电逆变成符合电网要求的交流电,通过控制直流侧母线电压及输出电流相位控制输出有功与无功。2.0MW 变流器 I 型主回路拓扑结构如图 7.2.3 所示。

3. 机侧断路器

机侧断路器位于发电机和机侧滤波器之间,控制变流器与发电机的断开和连接。它的主要作用包括对发电机与变流器起到电压隔离作用、短路保护等。断路器如图 7.2.4 所示。

图 7.2.4　断路器

4. 故障的影响

断路器闭合故障的影响主要分为以下两个方面:

1)导致机组故障停机,造成发电量损失。

2)断路器无法正常合闸分闸,影响机组及变流器的安全。

5. 故障触发原因分析

根据变流系统的工作原理,梳理出 1U2 断路器闭合故障的原因有以下几个:

1)1U2 机侧断路器机械部分失效,无法按照正常反馈动作。

2)1U2 机侧控制器失效,无法正确检测断路器闭合数字量。

3)27K8 继电器失效,无法将正确的数字量反馈信号送给机侧控制器。

4)23K3 继电器失效,控制器给出指令后,系统不能正常执行。

5)储能电动机失效,控制器给出指令后,断路器不能正常执行。

6)线路虚接,导致继电器或储能电动机线圈等供电异常、无法工作。

7)合闸或脱扣线圈失效,控制器给出指令后断路器不能正常执行。

6. 故障分析结论

根据故障分析得出的故障表现,对可能的故障点逐一进行分析,见表 7.2.1。

表 7.2.1　故障点分析

序号	故障表现	故障点推测	依据
1	断路器失效	断路器机械部分失效	手动让断路器动作无效
2	合闸或脱扣线圈失效	控制器给出指令后,系统不能正常执行	控制器给出指令后,断路器无动作

7.2.3　故障排查方案制订及工器具准备

1. 故障排查方案制订

根据故障原因分析,制订故障排查方案如下:

1)断电情况下手动触发断路器,检测是否能分合闸,可拆卸查看机械部分有无问题。

项目7 变流系统故障处理

2)与其他机组倒换1U2控制器,看故障是否转移。

3)做吸合闸实验,观察断路器能否吸合,27K8继电器有无动作。

4)做吸合闸实验,观察断路器能否吸合,23K3继电器有无动作。

5)查看线路是否有虚接情况。

6)与1U3断路器倒换线圈,看故障是否转移。

2. 工器具准备

根据故障排查方案准备所需的工器具,见表7.2.2。

表7.2.2 工器具清单

序号	工器具名称	数量	序号	工器具名称	数量
1	万用表	1个	5	斜口钳	1把
2	活动扳手	1个	6	尖嘴钳	1把
3	内六角扳手	1套	7	绝缘胶带	1卷
4	螺丝刀	1套	8	工具包	1个

3. 备件准备

根据故障排查方案准备所需的备件,见表7.2.3。

表7.2.3 备件清单

序号	备件名称	数量	序号	备件名称	数量
1	合闸线圈	1个	3	分闸线圈	1个
2	机侧断路器	1个	4	继电器	1个

4. 危险源分析

结合现场工作实际,对危险源进行分析,并制订相应的预防控制措施,见表7.2.4。

表7.2.4 危险源分析及预防控制措施

序号	危险源	预防控制措施
1	高处坠落	进入现场,工作人员穿好工作服及劳保鞋,戴好安全帽。开始攀爬前检查并穿好安全衣,检查助爬器控制盒及钢丝绳,攀爬前进行试坠。每到一层平台应盖好盖板,上到偏航平台先挂好双钩再摘止跌扣
2	触电	电气作业必须断电、验电,确认无电后作业。在电容、电感及AC2、NG5上的作业还应在停电后进行充分放电,测量无电后操作
3	机械伤害	进入叶轮必须锁定好机械锁。变桨和偏航时,严禁未得到其他人的同意即操作,人员应离开旋转部位
4	物体打击	现场人员必须戴好安全帽,禁止抛接工具、抛洒杂物。地面作业人员必须远离提升机作业范围,严禁人员从提升机下通过、逗留。工具应放在工具包内,携带工具的人员应先下后上。攀爬塔筒时,及时关闭塔筒门。严禁多人在同一节塔筒内攀爬
5	精神不佳	严禁工作人员在精神不佳的状态下作业

7.2.4 排查故障点

1. 排查过程

根据制订的故障排查方案进行故障排查：

1）断电情况下手动测试断路器功能正常，排除断路器机械问题及储能电动机失效问题。

2）与其他机组倒换控制器，故障不转移，排除控制器失效问题。

3）做吸合闸实验，发现断路器无法吸合，23K3继电器有动作，排除23K3继电器失效问题。

4）倒换23K3和27K8继电器，做吸合闸实验，发现断路器无法吸合，28K8继电器有动作，排除28K8继电器失效问题。

5）用万用表通断挡测试线路，线路正常，排除线路虚接问题。

6）将1U2断路器与1U3断路器倒换合闸线圈，做吸合闸实验，发现故障发生转移，变为1U3断路器故障，判定为合闸线圈失效。

2. 排查结论

综合上述排查过程，基本确定为合闸线圈失效，导致断路器得到信号后无法吸合动作。

7.2.5 更换故障元器件

1）更换合闸线圈前，须将机组切换至维护状态，并将机舱24V电源及UPS电源断电，确保拆卸安装不会有触电风险。

2）用万用表验明无电以后，将开关柜1的门打开，用螺丝刀拧下断路器朝机尾侧螺丝，取下塑料保护外壳，然后拧下线圈支架固定螺丝，将线圈轻轻拔出，注意不要损坏插针。

3）将线圈用螺丝刀从线圈支架上取下，更换新的线圈，将其安装到断路器内，拧好螺丝，然后将断路器及开关柜还原。

4）检查所有线路均连接可靠，没有虚接、漏接现象。

5）将24V机舱电源及UPS重新上电，并做吸合闸实验，观察断路器动作及反馈状态。

6）收拾工具，将工具包里的工具清点好，清除异物。

7.2.6 故障处理结果

完成故障元器件更换之后，进行吸合闸实验测试，没有报出故障，控制器上的信号

项目7 变流系统故障处理

正常反馈。

参考资料:

[1]《金风2.0MW机组主控系统故障解释手册》.

[2]《金风2.0MW系列变流器故障解释手册》.

任务 7.3　IGBT 驱动异常故障处理

7.3.1　故障信息

某项目 4 号机组报出 1U3_IGBT13 驱动异常故障，如图 7.3.1 所示，机组停机。

图 7.3.1　故障显示

7.3.2　故障原因分析

在进行故障分析之前需要准备相应的分析与参考资料，包括 2.0MW 机组电气原理图、《金风 2.0MW 机组主控系统故障解释手册》、《金风 2.0MW 机组变流系统故障解释手册》、主控故障文件（B 文件、F 文件、O 文件）、变流故障文件。

1. 器件介绍

IGBT 即绝缘栅双极型晶体管，是由双极型三极管（BJT）和绝缘栅型场效应管（MOS）组成的功率半导体器件，同时具备了 MOSFET（场效应晶体管）的高输入阻抗和 GTR（电力晶体管）的低导通压降的优点。GTR 管压降低，载流密度大，但其驱动电流较大；MOSFET 驱动功率很小，开关速度快，但导通压降大，载流密度小。IGBT 综合了以上两种器件的优点，驱动功率小而饱和压降低。GTR、MOSFET、IGBT 三者之间的功率（P）-频率（f）关系如图 7.3.2 所示。

IGBT 是一种大功率的电力电子器件，导通时可以等效为导线，断开时可以等效为开路。IGBT 的等效电路如图 7.3.3 所示，IGBT 由栅极（G 极）正负电压控制。当加上正栅极电压时，IGBT 管导通；当加上负栅极电压时，IGBT 管关断。IGBT 驱动电路的作用是将控制器输出的脉冲进行功率放大，以达到驱动 IGBT 工作的目的。

IGBT 具有和双极型电力晶体管类似的伏安特性，随着控制电压 U_{ge} 的增大，特性曲线上移。开关电源中的 IGBT 通过 U_{ge} 的变化在饱和（1）与截止（0）两种状态交替工作。

1）提供适当的正反向电压，使 IGBT 能可靠地开通和关断。正偏电压一般为 15V，负偏电压一般为 -5V。

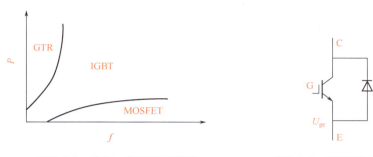

图7.3.2 功率－频率关系曲线　　　　图7.3.3 IGBT等效电路

2）IGBT的开关时间应综合考虑。快速开通和关断有利于提高工作频率，减小开关损耗，但在大电感负载下IGBT的开关频率不宜过大，因为高速开通和关断会产生很高的尖峰电压，极有可能造成IGBT自身或其他元件击穿。

3）驱动电路应具有较强的抗干扰能力及对IGBT的保护功能。IGBT的控制、驱动及保护电路等应与其高速开关特性相匹配。另外，在未采取适当的防静电措施情况下，G-E端口不能开路。

金风2.0MW变流IGBT功率模块如图7.3.4所示。

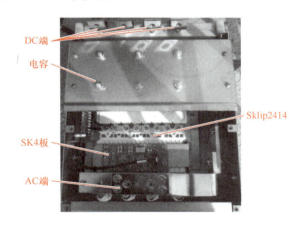

图7.3.4 金风2.0MW变流IGBT功率模块

AC端为交流母排，DC端为直流母排；电容是整体架构在直流母排上的支撑电容，能够在直流侧存储少量能量，实现机侧网侧解耦；Sklip2414是IGBT本体，内含IGBT管；SK4板是信号转接板，配合变流控制器的信号调理电路构成IGBT的驱动电路，负责对下发的PWM信号进行放大、变流模块信号的采集与保护等。

2. 变流控制器原理

2.0MW机组变流器采用分布式控制系统，配置了变流PLC与网侧控制器、机侧控制器1、机侧控制器2、制动控制器共4个功率单元控制器。其中，网侧控制器1U1控制6个IGBT，分别是IGBT1～IGBT6；机侧控制器1U2控制3个IGBT，分别是

IGBT8～IGBT10；机侧控制器1U3控制3个IGBT，分别是IGBT11～IGBT13；制动控制器1U4控制IGBT7，如图7.3.5所示。

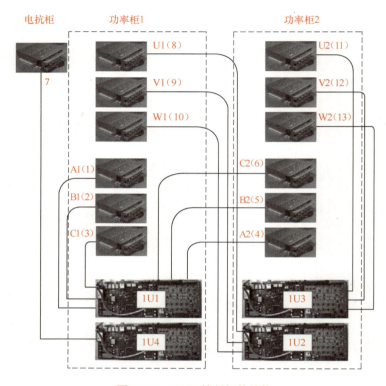

图7.3.5　IGBT控制拓扑结构

每个变流控制器由基板和核心板组成，基板包括控制器电源、模拟信号调理电路、数字信号转换电路，核心板包括信号调理和模数转换单元、数字处理单元DSP、现场可编程逻辑门阵列FPGA、微控制单元MCU等，如图7.3.6所示。

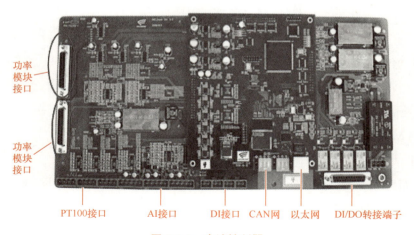

图7.3.6　变流控制器

项目 7　变流系统故障处理

3. 故障的影响

IGBT 驱动异常故障的影响主要分为以下两个方面：

1）导致机组故障停机，造成发电量损失。

2）机组报出此故障之后，变流器机侧或者网侧同相电流（功率）不均衡，大功率情况下容易造成变流器损坏。

4. 故障触发原因分析

根据变流系统的原理，梳理出 IGBT 驱动异常故障的原因有以下几个：

1）IGBT 功率模块失效。这种情况下更换模块即可。

2）变流控制器失效。这种情况下更换控制器刷写变流软件即可。

3）15 针 DB 线断线、插针断裂。这种情况下更换线缆即可。

5. 故障文件 F 文件分析

由故障文件 F 文件能够看出机组在故障时刻变流器故障代码为 10771，如图 7.3.7 所示。查看《金风 2.0MW 机组变流系统故障解释手册》可找到 10771 号故障代码对应的故障解释为 1U3_IGBT13_ 驱动故障。

图 7.3.7　变流故障代码

6. 变流故障文件分析

通过 Excel 对机侧 2 的 C 相电流与其脉宽调制信号（PWM）波形进行对比分析，如图 7.3.8 所示。

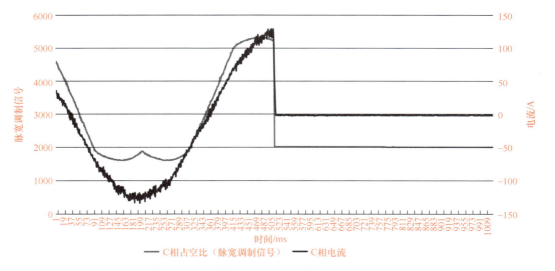

图 7.3.8　机侧 2 C 相电流与其 PWM 波形对比

由图7.3.8可见,以C相脉宽调制信号为主坐标、C相电流为次坐标绘制的曲线图中,故障发生在510ms左右时刻,故障前C相电流波与占空比波形周期一致,故障发生后,C相脉宽调制信号变为-50,波形平直,IGBT闭锁,可见IGBT能够按照脉宽调制信号有效执行调制。

7. 故障分析结论

根据故障分析得出的故障表现,对可能的故障点逐一进行分析,见表7.3.1。

表7.3.1 故障点分析

故障表现	故障点推测	依据
PWM波形停止变化,机侧电流正弦波形消失	1) IGBT本体失效 2) SK4板失效 3) 15针DB线失效	变流故障文件中机侧波形

7.3.3 故障排查方案制订及工器具准备

1. 故障排查方案制订

根据故障原因分析,制订故障排查方案如下:

1) 将功率模块侧15针DB线进行倒换,即将IGBT8与IGBT11、IGBT9与IGBT12、IGBT10与IGBT13倒换。

2) 再次启动机组,观察故障点转移位置。

2. 工器具准备

根据故障排查方案准备所需的工器具,见表7.3.2。

表7.3.2 工器具清单

序号	工器具名称	数量(规格)	序号	工器具名称	数量(规格)
1	万用表	1个	6	斜口钳	1把
2	活动扳手	1个	7	58件套套筒扳手	1套
3	内六角扳手	1套	8	绝缘手套	1副
4	螺丝刀	1套	9	工具包	1个
5	加水装置	1套	10	力矩杆	340N·m

3. 备件准备

根据故障排查方案准备所需的备件,见表7.3.3。

表7.3.3 备件清单

序号	备件名称	数量	序号	备件名称	数量
1	金风2.0MW机组IGBT模块	1个	2	乙二醇冷却液	2桶

项目7 变流系统故障处理

4. 危险源分析

结合现场工作实际,对危险源进行分析,并制订相应的预防控制措施,见表7.3.4。

表 7.3.4 危险源分析及预防控制措施

序号	危险源	预防控制措施
1	触电	电气作业必须断电、验电,确认无电后作业。在电容、电感及 AC2、NG5 上的作业还应在停电后进行充分放电,测量无电后操作
2	机械伤害	进入叶轮必须锁定好机械锁。变桨和偏航时,严禁未得到其他人的同意即操作,人员应离开旋转部位
3	物体打击	现场人员必须戴好安全帽,禁止抛接工具、抛洒杂物。地面作业人员必须远离提升机作业范围,严禁人员从提升机下通过、逗留。工具应放在工具包内,携带工具的人员应先下后上。攀爬塔筒时,及时关闭塔筒门。严禁多人在同一节塔筒内攀爬
4	精神不佳	严禁工作人员在精神不佳的状态下作业

7.3.4 排查故障点

1. 排查过程

根据制订的故障排查方案进行故障排查:

1)将功率模块侧 15 针 DB 线进行倒换,即 IGBT8 与 IGBT11、IGBT9 与 IGBT12、IGBT10 与 IGBT13 倒换。

2)再次启动机组,发现故障名称转变为 IGBT10 驱动异常,因此判断为 IGBT13 模块失效导致故障。

2. 排查结论

综合上述排查过程,推断为 IGBT13 模块失效导致故障,待风机停机后测量母线电压为安全电压时更换该模块。

7.3.5 更换故障元器件

1)更换前必须断电、验电,确认无电后方可作业。

2)拆 IGBT 水管接头前必须将变流柜放水,当水位低于更换的 IGBT 时才可以进行更换操作。

3)更换完成后重新加水,上电,恢复机组运行。

7.3.6 故障处理结果

启机运行稳定,未见故障报出,机组能够正常发电。

参考资料:

[1]《金风 2.0MW 机组变流系统故障解释手册》.

[2] 金风 2.0MW 机组变流电气原理图.

任务 7.4　变流器出阀压力超低故障处理

7.4.1　故障信息

某项目 15 号机组报出变流器出阀压力超低故障，机组紧急停机且无法通过复位解决。

7.4.2　故障原因分析

在进行故障分析之前需要准备相应的分析与参考资料，包括 2.0MW 机组电气原理图、《金风 2.0MW 机组主控系统故障解释手册》。

1. 故障释义

变流器采用水循环冷却方式，循环管路有气囊式膨胀罐等组成的稳压系统，当出阀压力超低时，系统恒压状态发生改变，导致系统中冷却介质的体积变化，系统运行受阻导致机组停机。

以金风 2.0MW 机组为例，变流器出阀压力超低故障的故障代码、故障名称、故障触发条件如图 7.4.1 所示。

故障号	故障名称				故障变量						
	出阀压力超低				error_water_colling_from_converter_pressure_super_low						
	故障使能	不激活字	没置不激活字	容错类型	故障值	极限值	故障值延时时间	容错时间	极级频次	容错时间2	极察频次2
	TRUE	8	0	0	0.200	0.200	t#3s	t#0ms	0	t#0ms	0
273	允许自复位次数	复位值	复位时间	允许远程复位次数	长周期允许远程复位次数	长周期累计时间	警告停机等级	故障停机等级	启动等级	偏航等级	预留
	0	0.40	t#2.5m	0		t#168h		7	3	0	TRUE
	故障触发条件										
	水冷出阀压力持续3s≤0.2bar										
	Error Name										
	Error_converter colling outlet pressure super low										

图 7.4.1　故障解释

2. 变流水冷系统介绍

变流器采用水循环冷却方式，冷却介质由主循环泵升压后流经外部冷却散热器，得到冷却后进入变流器将热量带出，再回到主循环泵，进行密闭式往复循环。循环管路设置电动三通阀，根据冷却介质温度的变化自动调节经过外部冷却散热器冷却介质的比例，空气散热器将冷却介质带出的热量交换出去。

3. 水循环冷却基本原理

冷却循环系统以高压循环泵为动力源。循环泵通过管路把冷却液送入变流控制柜，再通过管路把冷却液抽出，把冷却液送入风机外的空气散热器进行冷热交换，散热后的冷却液再由循环泵送入变流柜。水冷系统管路原理如图7.4.2所示。

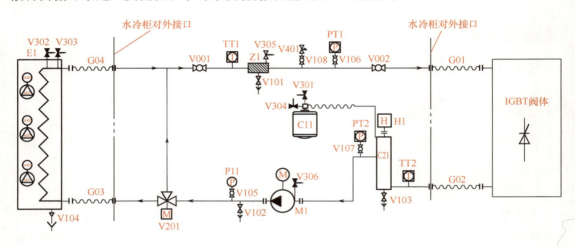

图 7.4.2　水冷系统管路原理

4. 故障的影响

变流器出阀压力超低故障的影响主要有：导致机组故障停机，造成发电量损失。

5. 故障触发原因分析

根据变流水冷系统运行原理，梳理出变流器出阀压力超低故障的原因有以下几个：

1）系统管路泄漏。

2）膨胀罐失效。

3）测量回路问题。

根据对变流器出阀压力超低故障的原因分析，结合机组运行机理，确定故障排查的步骤如下：

1）查找泄漏器件，存在器件泄漏冷却液情况时对其进行维护或更换，维护或更换完毕后通过监控网页查看出阀压力是否恢复正常，若恢复正常则故障排除，恢复机组运行。

2）检查气囊是否失效、膨胀罐是否存在漏气情况，若有此种情况则更换膨胀罐气囊并定期对膨胀罐进行维护。更换完毕后通过监控网页查看出阀压力是否恢复正常，若恢复正常则故障排除，恢复机组运行。

3）排除以上两种情况后可判断测量回路存在问题，此时检查KL3454模块或压力变送器是否失效，接线回路是否松动，更换新的倍福模块或通过倒换压力变送器（查看故障是否转移）判断模块和传感器的好坏，更换完毕后通过监控网页查看出阀压力是否恢复正

项目 7　变流系统故障处理

常，若恢复正常则故障排除，恢复机组运行。

7.4.3　故障排查方案制订及工器具准备

1. 故障排查方案制订

根据故障原因分析，制订故障排查方案如下：

1）检查循环管路是否存在泄漏。
2）检查气囊及膨胀罐是否失效或漏气。
3）检查测量回路。

2. 工器具准备

根据故障排查方案准备所需的工器具，见表 7.4.1。

表 7.4.1　工器具清单

序号	工器具名称	数量	序号	工器具名称	数量
1	补水泵	1个	5	十字螺丝刀	1把
2	活动扳手	1个	6	网线	1根
3	电脑	1台	7	万用表	1个
4	冷却液	1桶	—	—	—

3. 备件准备

根据故障排查方案准备所需的备件，见表 7.4.2。

表 7.4.2　备件清单

序号	备件名称	数量	序号	备件名称	数量
1	压力传感器	1个	3	KL3454模块	1个
2	密封圈	2个	—	—	—

4. 危险源分析

结合现场工作实际，对危险源进行分析，并制订相应的预防控制措施，见表 7.4.3。

表 7.4.3　危险源分析及预防控制措施

序号	危险源	预防控制措施
1	触电	将机组停机并切换至维护状态，悬挂"禁止合闸，有人工作"标识牌。电气作业必须断电、验电，确认无电后作业
2	机械伤害	搬运加水泵时两人配合，抓住把手后统一口令，同时抬起、放下，防止夹伤手指或磕碰造成受伤
3	物体打击	现场人员必须戴好安全帽，禁止抛接工具、抛洒杂物
4	精神不佳	严禁工作人员在精神不佳的状态下作业

风力发电机组故障处理

7.4.4 排查故障点

1. 排查过程

1）根据故障排查方案进行故障排查。

2）打开变流柜，发现柜底有积水，初步判断水管接头卡箍松动，冷却液泄漏，导致机组报出变流器出阀压力超低故障。

2. 排查结论

综合以上排查过程，此次故障基本判断为系统泄漏导致系统静压力降低，当启动系统运行时水冷系统出阀压力也随之降低，当系统泄漏量过多时报出出阀压力超低故障。

7.4.5 故障处理过程

1）检查变流器冷却水管接头，发现存在冷却液渗漏现象，使用十字螺丝刀对卡箍进行紧固，擦干周围渗漏的冷却液。

2）将加水泵水管接头与冷却液补充管口连接，确保接紧之后进行冷却液补充。

3）补充冷却液过程中时刻关注网页监控界面的出阀压力，达到预设值后停止补充冷却液。

7.4.6 故障处理结果

将机组启动后刷新网页监控界面，机组故障信息消失，出阀压力正常，机组正常并网运行。

参考资料：

[1]《金风2.0MW机组主控系统故障解释手册》.

[2] 金风2.0MW机组水冷系统电气原理图.

项目 8 塔架故障处理

目 录

任务 8.1 振动开关动作故障处理 …………………………………………………… 1
任务 8.2 塔底除湿机工作异常警告处理 …………………………………………… 13

任务 8.1　振动开关动作故障处理

8.1.1　故障信息

某风电场 10 号风机报振动开关动作故障，网页监控故障显示如图 8.1.1 所示。

图 8.1.1　故障显示

8.1.2　故障原因分析

在进行故障分析之前需要准备相应的分析与参考资料，包括 4.5MW 机组电气原理图、《金风 3.0MW（S）产品线主控系统故障解释手册》、故障文件（B 文件和 F 文件）。

1. 故障释义

振动开关动作故障解释如图 8.1.2 所示，此故障触发条件为振动开关反馈的振动正常信号变为低电平。

动作号	动作编码	动作名称				动作类型	停机等级	
1043	—	振动开关动作				Act_Err	Stop_ErrSaftyStopCutGrid	
	触发值	触发延时时间（ms）	复位值	允许自复位等级	自复位延时（ms）	允许自复位次数	中控复位窗口时间1（s）	中控复位窗口时间2（s）
	0	0	1	Rst_TowRst	150000	0	0	0
	容错类型	容错极限值	容错窗口时间（s）	容错窗口时间1内允许次数	容错窗口时间2（s）	容错窗口时间2内允许次数	中控复位窗口时间1内允许复位次数	中控复位窗口时间2内允许复位次数
	Tol_NonTol	0	0	0	0	0	0	0
	触发条件	安全链模块的输入信号，振动开关反馈的振动正常信号变为低电平。						

图 8.1.2　振动开关动作故障解释

2. 振动开关工作原理

4.5MW 机组振动开关是独立于机组 PLC 控制系统的硬件保护。4.5MW 机组采用 PCH 数字式振动检测仪检测风机机舱加速度和机舱振动。PCH 具有安全冲击检测功能（SSD），是一个三方向矢量总和冲击传感器，可由用户定义报警级别。此传感器配有备用安全继电器，具有高诊断覆盖率及较长的平均失效时间。

PCH 采用反逻辑设计，将其接入安全链回路，即安全链回路 IN3（包括振动开关反馈、扭缆开关 1、扭缆开关 2）。一旦 PCH 输出节点动作，将引起整个安全链回路断电，机组进入紧急停机过程，变桨系统执行顺桨停机，并使主控系统和变流系统处于闭锁状态。如果故障节点得不到恢复，整个机组的正常运行操作都不能实现。PCH 振动传感器如图 8.1.3 所示。PCH 振动传感器在机组中的电气回路如图 8.1.4（见下页）所示。

3. 故障的影响

振动开关触发的故障影响主要分为以下两个方面：

1）导致机组故障停机，造成发电量损失。

图 8.1.3　PCH 振动传感器

2）机组报出此故障之后，部分机组整机安全链系统存在异常，引起安全链回路断电，在风速较大的天气情况下存在叶轮飞车等设备安全隐患。

4. 故障触发原因分析

根据振动开关和安全链的工作原理，梳理出振动开关动作故障的原因有以下几个：

1）机舱 PCH 数字式振动检测仪故障。

2）PCH 数字式振动检测仪电缆信号线有断裂或屏蔽线没有接好。

3）机舱安全链模块损坏。

4）湍流过大。

5）瞬时风向变化过大。

6）变流器部分原因。

5. 故障文件 F 文件分析

查看 F 文件，显示无故障动作代码，警告代码为 26970、23776、24970，如图 8.1.5 所示。查看《金风 3.0MW（S）产品线主控系统故障解释手册》，以上代码对应的警告分别为 2 号变流器紧急停机、变流器 (11524)1U3_STACK1 驱动板 C 相软件过流、1 号变流器紧急停机。

Main							
MainLoopNumber	1	StopLevel	9	DeactiveMode	0		
1stErrCode	0	2ndErrCode	0	3rdErrCode	0		
1stWarnCode	26970	2ndWarnCode	23776	3rdWarnCode	24970		
1stEvtCode	0	2ndEvtCode	0	3rdEvtCode	0		

图 8.1.5　F 文件的故障与警告代码

另外，从 F 文件能够看出机舱 Y 方向加速度值较高，达到 $-0.132g$，超过故障触发阈值 $0.12g$，如图 8.1.6、图 8.1.7 所示。

项目 8　塔架故障处理

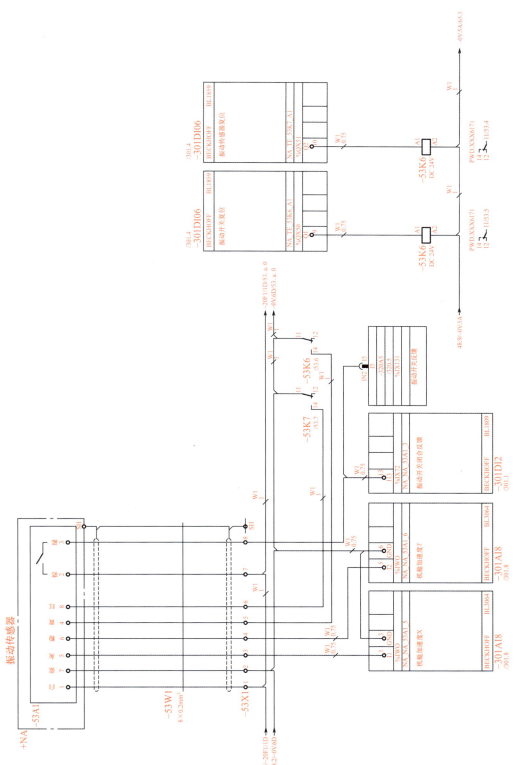

图 8.1.4　PCH 振动传感器回路

Acceleration					
AccelerationX(g)	-0.017	AccelerationY(g)	-0.132	AccelerationEffectiveValue(g)	0.032
AccelerationX2(g)	0.0	AccelerationY2(g)	0.0	AccelerationEffectiveValue2(g)	0.0

图 8.1.6　故障文件加速度值

动作编码	动作名称			动作类型	停机等级	
—	Y方向加速度值高			Act_War	Stop_NonStop	
触发值	触发延时时间/ms	复位值	允许复位等级	自复位延时/ms	允许自复位次数	中控复位窗口时间1/s	中控复位窗口时间2/s
0.12	200	0.05	Rst_AutoRst	150000	100	86400	604800
容错类型	容错极限值	容错窗口时间1/s	容错窗口1时间内允许次数	容错窗口时间2/s	容错窗口时间2内允许次数	中控复位窗口时间1内允许复位次数	中控复位窗口时间2内允许复位次数
Tol_NonTol	0.15	0	0	0	0	3	7
触发条件	振动传感器Y方向振动瞬时值持续200ms≥0.12g。						

图 8.1.7　Y方向加速度值高故障解释

6. 故障文件 B 文件分析

1）查看机组 B 文件，发现 Y 方向加速度值达到 $0.22g$，如图 8.1.8 所示。

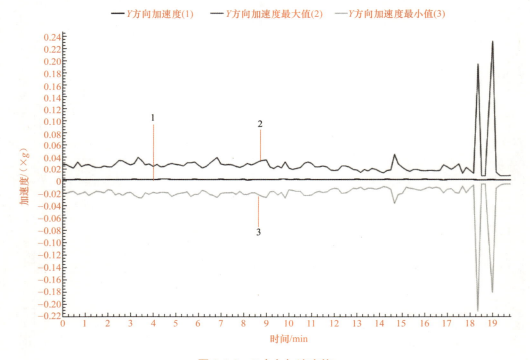

图 8.1.8　Y方向加速度值

2）故障前后，机组的风向波动较大，风向角最小值平均在 60° 左右，风向角最大值平均在 280° 左右，表明风向不稳定，如图 8.1.9 所示。同时，风速的波动也比较大，如图 8.1.10 所示。风速与风向的波动比较大，表明湍流较大。

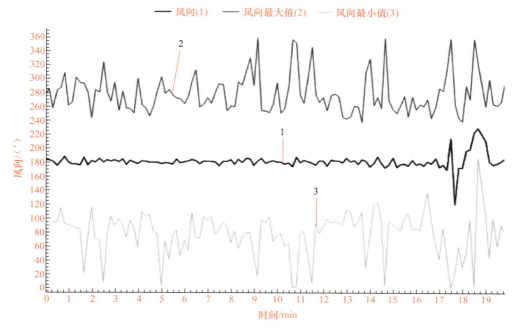

图 8.1.9　故障时刻风向

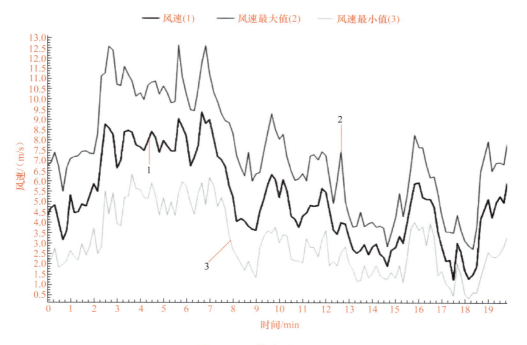

图 8.1.10　故障时刻风速

3）机组故障前后，偏航位置一直在 -321° 左右，表明此时机组没有进行偏航动作，如图 8.1.11 所示。

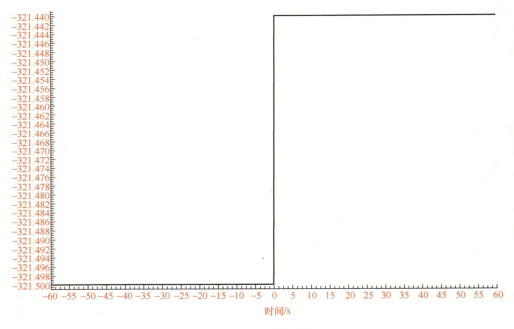

图 8.1.11　机舱位置

7. 故障分析结论

PCH 数字式振动检测仪与机舱有两组模拟量通信，通过设置动作参数，包括各种检波器的有效值、峰值实现风机振动监控功能。当振动开关动作后内部开关断开，与机舱安全链的通信断开，将引起相应整个安全链回路断电，机组进入紧急停机过程，变桨系统执行顺桨停机，并使主控系统和变流系统处于闭锁状态。

由于风机 F 文件中未发现机组故障，仅在监控界面报出首故障为振动开关动作，结合 4.5MW 机组在故障时报出 2 号变流器紧急停机、变流器 (11524)1U3_STACK1 驱动板 C 相软件过流、1 号变流器紧急停机警告，将变流器列入排查范围，因为 4.5MW 机组变流器紧急停机也有一定概率引起振动开关动作。

综上所述，导致振动开关动作故障的原因见表 8.1.1。

表 8.1.1　故障原因分析

序号	故障表现	故障原因分析	依据
1	机舱 PCH 数字式振动检测仪灯灭	1）机舱 PCH 数字式振动检测仪损坏 2）机舱 PCH 数字式振动监测回路存在异常	机舱 PCH 数字式振动检测仪电气原理
2	机舱倍福模块 301D12-EL1809（I13 口）存在异常	振动开关反馈回路异常，包括倍福模块、线路虚接问题	机舱 PCH 数字式振动检测仪回路
3	PCH 数字式振动检测仪电缆信号线有断裂或屏蔽线没有接好	1）电缆信号线存在弯折或者断线、虚接情况 2）屏蔽层存在异常	PCH 数字式振动检测仪电气原理

项目 8 塔架故障处理

续表

序号	故障表现	故障原因分析	依据
4	安全链回路异常	1）振动开关受安全链回路异常影响触发故障 2）安全链内部异常或损坏，反馈振动开关回路异常 3）可编程安全链内部程序异常	安全链回路原理图
5	变流器内部问题	1）变流器电压采集板异常，导致变流部分紧急停机，致使机组振动值过大触发故障 2）变流器内部通信存在问题，各系统间数据交换异常，机组主控检测异常	变流故障文件和机组警告、故障文件

8.1.3 故障排查方案制订及工器具准备

1. 故障排查方案制订

根据故障原因分析，制订故障排查方案如下：

1）检查机舱 PCH 数字式振动检测仪是否损坏。

2）检测机舱倍福模块 301D12-EL1809（I13 口）是否存在异常，可用倒换法进行测试；振动开关反馈回路异常，包括倍福模块、线路虚接问题。

3）检查安全链回路是否存在虚接情况，避免振动开关受安全链回路异常影响触发故障；倒换或连接安全链软件，检查安全链内部是否异常或损坏。

4）检查变流器侧问题，判断是否由于变流器侧问题触发故障。

2. 工器具准备

根据故障排查方案准备所需的工器具，见表 8.1.2。

表 8.1.2 工器具清单

序号	工器具名称	数量	序号	工器具名称	数量
1	万用表	1个	6	斜口钳	1把
2	活动扳手	1个	7	28件套套筒扳手	1套
3	内六角扳手	1套	8	绝缘手套	1副
4	螺丝刀	1套	9	工具包	1个
5	尖嘴钳	1把	10	绝缘胶带	1卷

3. 备件准备

根据故障排查方案准备所需的备件，见表 8.1.3。

风力发电机组故障处理

表 8.1.3　备件清单

序号	备件名称	数量	序号	备件名称	数量
1	PCH 数字式振动检测仪	1个	4	EL1809 模块	1个
2	PCH 数字式振动检测仪电缆线	1组	5	可编程安全链继电器数据线	1套
3	可编程安全链继电器	1个	6	变流器光纤控制器	1个

4. 危险源分析

结合现场工作实际，对危险源进行分析，并制订相应的预防控制措施，见表8.1.4。

表 8.1.4　危险源分析及预防控制措施

序号	危险源	预防控制措施
1	高处坠落	进入现场，工作人员穿好工作服及劳保鞋，戴好安全帽。开始攀爬前检查并穿好安全衣，检查助爬器控制盒及钢丝绳，攀爬前进行试坠。每到一层平台应盖好盖板，上到偏航平台先挂好双钩再摘止跌扣
2	触电	电气作业必须断电、验电，确认无电后作业。在变流器内部的作业还应在停电后进行充分放电，测量无电后操作
3	机械伤害	进入塔筒门后及时插入插销，若不能正常插入，用绳子可靠固定，避免人员发生机械伤害
4	物体打击	现场人员必须戴好安全帽，禁止抛接工具、抛洒杂物。地面作业人员必须远离提升机作业范围，严禁人员从提升机下通过、逗留。工具应放在工具包内，携带工具的人员应先下后上。攀爬塔筒时，及时关闭塔筒门。严禁多人在同一节塔筒内攀爬
5	精神不佳	严禁工作人员在精神不佳的状态下作业

8.1.4　排查故障点

1. 排查过程

根据故障排查方案进行故障排查：

1）机组振动开关故障前 60s 到故障后 60s 左右，机组为启动并网状态，在故障时机组机舱 X、Y 方向加速度均存在数据震荡情况，其中 Y 方向加速度达到触发故障限值，导致机组故障停机（图 8.1.12）。先更换机舱 PCH 数字式振动检测仪，更换后塔底启动机组 3min 后故障再次报出，所以排除 PCH 数字式振动检测仪损坏。

2）故障时刻安全链状态灯为 ERR 模式，更换故障风机的安全链模块，重新部署现场安全链程序后故障消除，塔底启动机组运行 10min 后故障再次报出，所以排除机舱安全链模块损坏（图 8.1.13）。

项目8　塔架故障处理

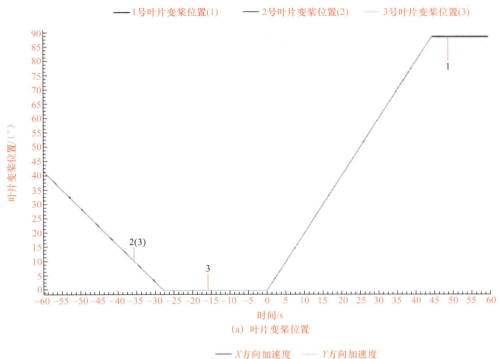

(a) 叶片变桨位置

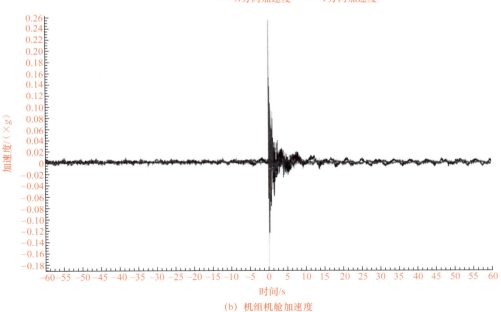

(b) 机组机舱加速度

图 8.1.12　叶片位置和机组振动

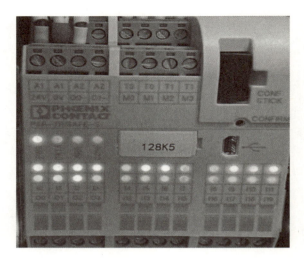

图 8.1.13　风机安全链

3）查看机组更新的 F 文件，显示无故障动作代码，机组最新警告代码为 26970、23195、24970（图 8.1.14）。查看《金风 3.0MW（S）产品线主控系统故障解释手册》，以上代码对应的警告分别为 2 号变流器紧急停机、变流器 (11524)2U1_STACK1 驱动板硬件过流、1 号变流器紧急停机。查看机组 O 文件，发现机组故障时刻网侧电压存在异常（图 8.1.15）。

Main							
MainLoopNumber		1	StopLevel		9	DeactiveMode	0
1stErrCode		0	2ndErrCode		0	3rdErrCode	0
1stWarnCode		26970	2ndWarnCode		23195	3rdWarnCode	24970
1stEvtCode		0	2ndEvtCode		0	3rdEvtCode	0

图 8.1.14　风机故障与警告代码

4）查看变流器后台文件，发现故障时刻变流器采集的网侧电压异常（图 8.1.16）。对变流器进行多次充电实验，发现主柜与从柜电压存在瞬时跳变的情况。更换变流器主柜与从柜光纤控制器，重新部署程序后故障消除。

2. 排查结论

综合以上排查过程，基本推断为 2 号变流器光纤控制器异常，采集网侧电压异常，电压存在跳变的情况，导致机组在运行过程中发生较大的电压波动，变流器紧急停机脱网，紧急停机脱网过程中荷载较大，加大了机组振动的加速度，导致触发振动开关故障。

本次机组报出振动开关动作故障的根本原因为 2 号变流器电压采集板异常，具体表现为网侧电压采集存在较大的波动，故障点相对比较隐秘，并且由于机组通过复位能够消除故障、正常启动，导致故障排查比较困难。综合现场经验，在报出振动开关动作故障，进行故障分析时，要详细分析故障文件 O、F、B 文件，判定故障根本点，找到故障触发原因，提高故障排除效率。

项目 8　塔架故障处理

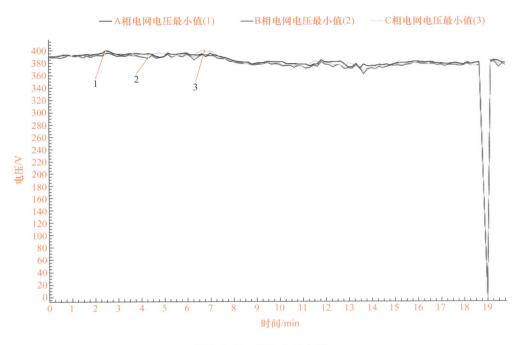

图 8.1.15　风机电网电压

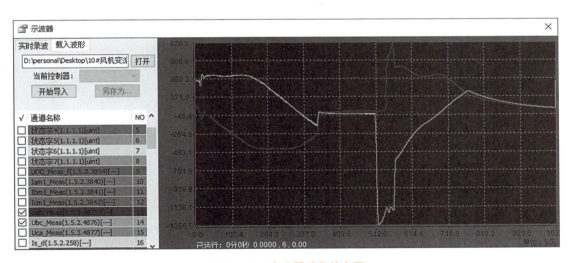

图 8.1.16　变流器采集的电压

8.1.5　更换故障元器件

1. 拆除流程

1）打开 2 号变流器控制柜门，断开变流器控制柜所有电源。按照电压等级，先断开 230V 开关，再断开 24V 开关。

11

2）找到光纤控制器，观察其控制器是否有亮灯情况，使用万用表测量控制器电源，测量无电压后用螺丝刀拆卸。

3）先检查控制器的 8 颗塑料螺柱是否紧固，再将控制器放在对应位置上，手动拧紧螺母。注意此项安装不需要任何工具，只需要用手拧紧。

4）固定好控制器后将二次配线按照线标插入对应位置，安装完成后检查是否插紧、拧紧。

5）完成程序刷写和后台连接，连接正常，检测数据无异常后恢复机组运行。

2. 拆除注意事项

1）控制器安装不需要使用任何工具，只需要手动操作。

2）操作人员拆除端子时要抓住端子金属部分，不要抓住二次配线直接拔出。

3）拆除 DB25 端子时手动将其固定螺丝拧开拔出。

4）将固定控制器板的 8 颗塑料螺母拧开后就可以拿下控制器板，整个拆除过程就完成了。

5）拆下的控制器要用完好的包装防护，发回工厂进行故障分析。

8.1.6　故障处理结果

完成故障元器件更换之后，进行后台变流测试，同时观察 2 号变流器采集的电压，没有出现电压明显波动的现象。对机组进行并网运行测试，机组正常启动运行，由网页监控观察机组各项数值正常。

参考资料：

[1]《金风 3.0MW（S）产品线主控系统故障解释手册》.

[2]《金风 4.5MW 平台化变流器（PCS05A-CVT01）故障解释手册》.

[3]《PCH1216 产品资料》.

任务 8.2 塔底除湿机工作异常警告处理

8.2.1 故障信息

某项目 16 号机组报出塔底除湿机工作异常故障，远程查看机组网页监控故障界面，故障显示如图 8.2.1 所示。

图 8.2.1 故障显示

8.2.2 故障原因分析

在进行故障分析之前需要准备相应的分析与参考资料，包括 2.0MW 机组电气原理图、《金风 2.0MW 机组主控系统故障解释手册》、故障文件（B 文件和 F 文件）。

1. 故障释义

塔底除湿机在整机中的作用为将塔底的潮湿空气吸入机械内部进行处理，将潮湿空气排出风机，将干燥后的空气吹入塔筒，如此循环，使塔底湿度保持在设备适宜的相对湿度，改善塔底潮湿冷凝水的情况。塔底除湿机信号由塔底除湿机反馈给机组，用于指示塔底除湿机内部当前无故障。当塔底除湿机报出故障时，塔底除湿机 OK 信号丢失。

以金风 2.0MW 机组为例，塔底除湿机工作异常故障的故障代码、故障名称、故障触发条件见表 8.2.1。

表 8.2.1 故障代码、名称和触发条件

故障代码	故障名称	故障触发条件
152	塔底除湿机工作异常	塔底除湿机正常运行时，除湿机的故障反馈信号持续 10s 为低电平

2. 塔底除湿机运行流程

在正常开机的情况下，通过风机的运行将潮湿的空气从进风口吸入，变成干燥的空

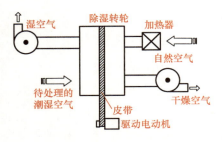

图 8.2.2 塔底除湿机运行流程

气，经过冷凝器散热，从出风口吹出（图 8.2.2）。

3. 塔底除湿机工作原理

塔底除湿机由主控 PLC 控制启停，工作电源是由干式变压器提供的交流 230V 电源，控制电源是由电源转换模块提供的直流 24V 电源。塔底除湿机由主控 PLC 采集塔底温湿度，由主控 PLC 给出启停信号，达到控制塔底环境温湿度的目的。塔底除湿机具备检测故障的功能，其内部状态信号（OK 信号）通过本身的 5 号端口反馈给 214DI2 模块，214DI2 模块再将信号反馈给主站 PLC 模块。

当塔底除湿机报出故障，除湿机内部的 5 号端口停止向 214DI2 模块反馈 OK 信号，主控系统检测到塔底除湿机 OK 信号丢失之后会马上控制机组执行故障停机。

4. 故障的影响

塔底除湿机 OK 信号丢失故障的影响主要分为以下两个方面：

1）导致机组故障停机，造成发电量损失。

2）机组报出此故障之后，在恶劣的天气情况下塔筒内部会快速积水，降低风机内部构件及电气设备使用寿命。

5. 故障触发原因分析

根据塔底除湿机的工作原理，梳理出塔底除湿机工作异常的原因有以下几个：

1）塔底除湿机本体损坏或故障，其控制单元检测到故障之后停止输出 OK 信号。

2）塔底除湿机本体正常，其外围连接的部件和回路（检测回路连接线）出现异常，主控 PLC 接收到异常的反馈信号，导致塔底除湿机报故障。

3）塔底除湿机的供电回路（包括 230V 交流输入、控制回路直流 24V 电源）异常，导致塔底除湿机报故障。

4）塔底除湿机正常输出 OK 信号，但是塔底除湿机到主站 PLC 模块的输入端口回路存在部件损坏或者线路虚接，导致 PLC 模块没有接收到正常的 OK 信号。

根据对塔底除湿机工作异常的原因分析，结合机组运行机理，确定故障排查的步骤如下：

1）区分机组故障时的运行状态。如果在风机箱式变压器跳闸后初上电状态下报出塔底除湿机工作异常故障，一般是由于主控柜长时间断电，203F6 开关跳闸，导致报故障。此种情况下，通过在塔底给主控柜 203F6 开关断上电操作即可解除故障。

2）区分主故障与附带故障。通过面板或 Web 网页查看故障信息，根据报故障的先后顺序判断是否由其他故障引起顺带报出塔底除湿机工作异常故障，如果是其他故障顺带报出塔底除湿机工作异常故障，只需把主故障处理好，附带故障即可排除。

3）排除以上两种情况之后，按照先主后辅的原则，先排查塔底除湿机的主回路，再排查塔底除湿机等部件、连接线路、电压电流有无异常。

4）完成主回路排查之后，排查辅助回路与控制回路，包括24V电源回路是否正常。

6. 故障文件F文件分析

由故障文件F文件能够看出机组在故障时刻16号塔底UPS运行正常，如图8.2.3所示。

图8.2.3 UPS运行状态

7. 故障文件B文件分析

由故障文件B文件能够得出机组在故障前90s至故障后30s机组运行状态参数的变化曲线。由文件可以看出：报出故障之后，机组不存在失电情况，如图8.2.4所示。

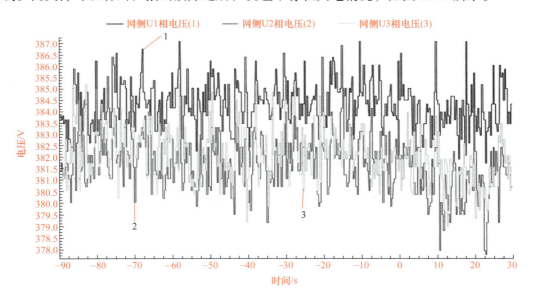

图8.2.4 网侧电压变化

8. 故障分析结论

根据故障分析得出的故障表现，对可能的故障原因逐一进行分析，见表8.2.2。

表8.2.2 故障原因分析

序号	故障表现	原因分析	依据
1	机组报出塔底除湿机工作异常故障，机组PLC模块未失电	1）KL1104模块损坏 2）KL1104模块存在线路虚接	机组仅报出塔底除湿机工作异常故障
2	机组报出故障之后无法远程复位	1）主回路203F6跳闸 2）除湿机内部F1开关跳闸 3）除湿机损坏	主控柜电气原理图

8.2.3 故障排查方案制订及工器具准备

1. 故障排查方案制订

根据故障原因分析，制订故障排查方案如下：

1）排查 KL1104 模块是否损坏，如损坏需替换。检查反馈线有无损坏或虚接。
2）测试塔底除湿机功能是否正常。强制启动塔底除湿机，测试功能是否正常。
3）检查塔底除湿机线路连接是否存在虚接。
4）对塔底除湿机的线路进行电压测量，检查电压是否正常。
5）检测 24V 电源模块的输入与输出电压是否异常。

2. 工器具准备

根据故障排查方案准备所需的工器具，见表 8.2.3。

表 8.2.3 工器具清单

序号	工器具名称	数量	序号	工器具名称	数量
1	万用表	1个	6	斜口钳	1把
2	活动扳手	1个	7	28件套套筒扳手	1套
3	内六角扳手	1套	8	绝缘手套	1副
4	螺丝刀	1套	9	工具包	1个
5	尖嘴钳	1把	10	绝缘胶带	1卷

3. 备件准备

根据故障排查方案准备所需的备件，见表 8.2.4。

表 8.2.4 备件清单

序号	备件名称	数量	序号	备件名称	数量
1	除湿机	1个	4	KL1104 模块	1个
2	C10 微型断路器	1个	5	C13 微型断路器	1个
3	UPS 模块	1个	—	—	—

4. 危险源分析

结合现场工作实际，对危险源进行分析，并制订相应的预防控制措施，见表 8.2.5。

表 8.2.5 危险源分析及预防控制措施

序号	危险源	预防控制措施
1	高处坠落	进入现场，工作人员穿好工作服及劳保鞋，戴好安全帽。前往塔底检查除湿机时，必须先穿好安全衣，使用双钩安全绳
2	触电	电气作业必须断电、验电，确认无电后作业
3	机械伤害	进入风机必须锁定塔筒门，防止夹伤

项目 8　塔架故障处理

续表

序号	危险源	预防控制措施
4	物体打击	现场人员必须戴好安全帽，禁止抛接工具、抛洒杂物。工具应放在工具包内，携带工具的人员应先下后上
5	精神不佳	严禁工作人员在精神不佳的状态下作业

8.2.4　排查故障点

1. 排查过程

根据制订的故障排查方案进行故障排查：

1）远程复位，机组无法复位，表明不是机组误报故障。

2）塔底复位，运行一段时间后故障再次报出，表明存在器件损坏或者线路异常，需要维护人员进一步排查故障点。

3）对塔底除湿机进行手动测试，测试过程中观察除湿机能否启动，运行有无异响。

4）检查塔底除湿机主回路，线路连接不存在虚接。

5）测量 24V 电源模块的输入与输出电压，电压正常。

6）检查塔底除湿机反馈线，无损坏或者虚接，故障未消除。

7）替换 KL1104 模块，故障消除。

2. 排查结论

综合以上排查过程，基本推断为 KL1104 模块损坏，导致塔底除湿机在机组运行过程中报出故障。

本次机组报出塔底除湿机工作异常故障的根本原因为 KL1104 模块损坏，具体表现为机组温湿度正常且无法远程复位。

8.2.5　更换故障元器件

1）更换 PLC 前必须断开塔底除湿机 24V 直流电源开关 205F10，防止塔底除湿机 24V 回路拆卸时引起短路。

2）断开主控控制柜内的 PLC 直流 24V 电源开关 205F8。

3）测量 KL1104 模块电压是否为 0。

4）拆卸 KL1104 模块。用一字螺丝刀拆除 KL1104 模块上的反馈线，用尖嘴钳将 KL1104 模块取下。

5）安装新的 KL1104 模块。将新的 KL1104 模块插回并固定好，安装 KL1104 模块上的反馈线。

6）收拾工具，清点工具，清除异物。

7）塔底除湿机直流24V上电，闭合直流24V电源开关205F8。

8.2.6　故障处理结果

完成故障元器件更换之后，机组故障消除，除湿机运行正常。

参考资料：

[1]《金风2.0MW机组主控系统故障解释手册》.

[2] 金风2.0MW机组主控系统电气原理图.